Kleine Enzyklopädie der essbaren Wildpflanzen

Steffen Guido Fleischhauer

Kleine Enzyklopädie der essbaren Wildpflanzen

1000 Pflanzen tabellarisch, mit 300 Farbfotos

at VERLAG

Die Angaben in diesem Buch wurden vom Autor und vom Verlag sorgfältig erwogen und geprüft, dennoch sind sie ohne Gewähr. Autor und Verlag lehnen jede Haftung für allfällige Schäden oder Folgen, die sich aus dem Gebrauch oder Missbrauch der hier vorgestellten Informationen ergeben, ab. Bei ernsthaften gesundheitlichen Problemen ist von einer Selbstmedikation abzusehen und der Rat eines Arztes oder Heilpraktikers einzuholen.

5. Auflage, 2021

AT Verlag AG, Aarau und München
Lithos: Vogt-Schild Druck, Derendingen
Druck und Bindearbeiten: AZ Druck und Datentechnik, Kempten
Printed in Germany

ISBN 978-3-03800-492-9

Dieses Buch ist auch als E-Book erhältlich.

www.at-verlag.ch

Der AT Verlag wird vom Bundesamt für Kultur für die Jahre 2021–2024 unterstützt.

Inhalt

Essbare Wildpflanzen – Nahrung und Aromen aus der Natur

Seinen Speiseplan mit den Schätzen aus der Natur zu bereichern, ist eine wunderbare Erfahrung und immer ein Erlebnis. Kaum betreten wir eine naturnahe Wiese oder eine Hecke, sind wir schon umgeben von noch ungeahnten Delikatessen. Essbare, wildwachsende Nahrung in jeglicher Form. Und jede zu entdeckende Geschmacksnote ist wertvoll, denn es kommt darauf an, für welches Gericht wir sie einsetzen.

Wie wurde einst die am Baum so derb schmeckende Olive zur Delikatesse? Ganz einfach, es ging und geht ums Ausprobieren und um Kreativität bei der Zubereitung.

Jeder kann, wenn er möchte, den Blick auf die Wildpflanzen so richten, dass er sich nicht nur einfach in der Natur, sondern inmitten von feinen Genüssen bewegt.

Entdecken Sie neue Salate, Gewürze, Kräuter für den Tee oder Beeren für die Quarkspeise, Nüsse für den Brotteig und Wurzeln für einen Röstkaffee.

Die Vielfalt der uns umgebenden Nahrung und die Fülle ihrer Aromen werden in so manchem von uns einen kreativen Koch erwecken.

Wildpflanzen haben die Menschheit bereits über viele Jahrtausende ernährt.

Jeder, der mit Genuss genauer hinsieht, wird hier einen in Vergessenheit geratenen, aber immer noch wertvollen Nahrungsschatz wiederentdecken, wie auch immer mehr Köche, Gärtnereien und Lebensmittelverarbeiter dies tun. Man entdeckt in den Wildpflanzen außergewöhnliche Geschmacksnoten und extrem reichhaltige Vitalstoffträger.

Dieses Buch möchte Ihnen einen schnellen, kompakten Überblick über die wichtigsten noch bekannten Nahrungsverwendungen unserer heimischen Wildpflanzen bieten. Es ist eine tabellarische Zusammenfassung von Hinweisen und Überlieferungen aus verschiedenen Quellen, die im Anhang aufgeführt sind, erweitert mit eigenen Erfahrungen über die Sammelzeiten. Die Bildtexte beschreiben die Wuchsorte der abgebildeten Pflanzen und frühere Verwendungen sowie für mich persönlich erwogene Verarbeitungsempfehlungen. Bitte beachten Sie aber auch Ihre Eigenverantwortung. Nahezu alle Wildpflanzen besitzen arzneilich wirksame Bestandteile. Aktuelle Erfahrungen und Dokumentationen dazu gibt es noch kaum. Ich habe daher bewusst keine exakten Mengenangaben gemacht. Den Einsatz und die Dosierung von Wildpflanzen müssen Sie für sich selbst einschätzen. Generell sollte man mit kleineren Mengen anfangen und eine einseitige Ernährung auch mit einzelnen Wildpflanzen meiden.

Die Aufführung der Pflanzennamen erfolgt gemäß der »Standardliste der Farn- und Blütenpflanzen Deutschlands« von R. Wisskirchen und H. Haeuptler und verzichtet daher auf die Nennung der Namensautoren.

Ich wünsche Ihnen viel Freude an diesem Buch und viele schöne Naturerlebnisse.

Steffen Guido Fleischhauer

Die essbaren Wildpflanzen von A bis Z

Pflanzenname und -familie Schutz/Gefährdung	Verwendete Pflanzenteile mit Erntezeit und überlieferter Verarbeitungsweise		Hinweise zu kulinarischer Qualität und überlieferter Verwendung in der Küche
Ackerfrauenmantel, Gewöhnlicher *Aphanes arvensis* Rosengewächse (Rosaceae)	April–Juni fein geschnitten, frisch oder erhitzt		Milde, leicht behaarte Pflanze für Gemüse, Feinschnittkräutermischungen
Ackernüsschen-Arten *Neslia* Kreuzblütlergewächse (Brassicaceae) !	April–Mai frisch oder erhitzt September vermaischt oder vermahlen als Senf	Mai–September knospig und erblüht, frisch oder erhitzt	Pflanzen mit Rapsaroma für Salate, Gemüse
Adlerfarn *Pteridium aquilinum* Tüpfelfarngewächse (Polypodiaceae) X	April–Mai in kleinen Mengen, frisch oder erhitzt September–März erhitzt		Stärkereiche, z.T. süßaromatische Farnpflanze; enthält karzinogene Stoffe, die derzeit als ›evtl. krebserregend‹ eingestuft werden
Ahorn-Arten *Acer* Seifenbaumgewächse (Sapindaceae) (!) Siehe Bild Seite 9	April frisch, erhitzt oder eingesäuert September lange ausgekocht und salzig eingelegt April Anschnittsaft frisch, gegoren oder köchelnd einreduziert zu Süßspeisen Frühjahr sehr jung, unreif geerntet, frisch oder eingelegt	April getrocknet und vermahlen als Mehlbeimischungen April frisch	Manche Arten milder als andere; ergiebige Pflanzen für Salate, Gemüse, Eingelegtes, Eingesäuertes

Ahorn, Berg- *Acer pseudoplatanus*
Man findet ihn sehr häufig in typischen Hangwäldern und Grünanlagen. Unter dem noch unbelaubten Kronendach treiben im Frühjahr junge bitterwürzige Keimlinge, die getrocknet sehr gut Kräutersalzmischungen verfeinern. (Siehe Seite 8)

Ahorn, Feld- *Acer campestre*
Er wächst gerne in Laubwäldern und Gebüschen. Als geschätzten Vitaminvorrat für den Winter hat man früher ganz junge, noch sehr weiche Blätter seines Frühjahrsaustriebes in Streifen geschnitten und wie Sauerkraut eingesäuert. (Siehe Seite 8)

Ahorn, Spitz- *Acer platanoides*
Er ist ein typischer Laubwald- und Siedlungsbaum. Im April schmecken seine frischen grün-gelben Blütenbüschel besonders gut in Salat mit Joghurt-Dressing. (Siehe Seite 8)

Ampfer, Alpen- *Rumex pseudoalpinus*
Wir finden ihn häufig auf nährstoffreichen Lägerfluren in den Bergen. Er galt mit seinen großen Blättern und dicken weichen Blattstielen als klassisches Spinatgemüse der früheren Almbauern. (Siehe Seite 11, Unverträglichkeit/Giftigkeit beachten)

Ampfer, Sauer- *Rumex acetosa*
Er wächst auf typischen Grünlandwiesen. Seine aromatische Säure in den zarten Blättern wurde schon bei den Römischen Kaisern gerne in Vorspeisensuppen genutzt. (Siehe Seite 11, Unverträglichkeit/Giftigkeit beachten)

Ampfer, Schild- *Rumex scutatus*
Auf Steinschutt und Geröll können wir ihn hin und wieder finden. Seine Blätter eignen sich in kleinen Mengen als feines Sauergewürz für Salatsaucen in Wurzelsalaten. (Siehe Seite 11, Unverträglichkeit/Giftigkeit beachten)

Apfel, Wild- *Malus sylvestris*
Man findet dieses Gehölz hin und wieder an Laubwaldrändern und Gebüschen. Eine feine Beigabe zum Nachmittagskaffee ist Streuselkuchen mit feingehackten, gebackenen Wildapfelstückchen. (Siehe Seite 11, Unverträglichkeit/Giftigkeit beachten)

Arve, Gemeine *Pinus cembra*
Sie wächst einzeln, aber auch in typischen Nadelwäldern des Gebirges. Gerne legte man die reifen Zapfen früher auf den Holzofen. Anschließend klopfte man die Samen heraus und röstete sie als Knabberei. (Siehe Seite 11)

Pflanze			Verwendung
Alant, Echter *Inula helenium* Korbblütlergewächse (Asteraceae) (X)	April–Juli mehrfach ausgekocht September–März erhitzt Juli–August frisch ausgezupft		Herb-würzige Pflanze als Gemüsebeigabe; antibiotische Wirkung auf den Darm, Verwendung nur kleiner Mengen
Ampfer-Arten *Rumex* Knöterichgewächse (Polygonaceae) (X) (!) Siehe Bild Seite 9, 10	März–Mai frisch oder erhitzt Spätsommer überbrüht	September–März fein geschnitten und überbrüht oder vermahlen Sommer frisch als Aroma	Saure bis sehr bittere Pflanzen für Salate, Gemüse, Gewürze, Tee, Mehl; oxalsäurehaltig, Verwendung nur kleiner Mengen
Apfel-Arten *Malus* Rosengewächse (Rosaceae) (X) Siehe Bild Seite 10	April–Mai als Aroma frisch oder erhitzt/überbrüht September frisch, erhitzt oder eingelegt	April–Mai farbiger Speisendekor, frisch oder erhitzt	Bekannte süße Obstpflanzen für Fruchtspeisen, Aroma; geringe Mengen Blausäure in den Kernen
Arve-Arten *Pinus* Kieferngewächse (Pinaceae) Siehe Bild Seite 10	Frühjahr bzw. Sommer a) junge Triebe erhitzt oder eingelegt, b) ältere Nadeln getrocknet Herbst frisch oder geröstet März–April Anschnittsaft frisch oder köchelnd einreduziert Mai–Juni unreif, noch weich geerntet und eingelegt als Aroma	März–April in Streifen geschnitten und erhitzt als Gemüse oder getrocknet als Mehlbeimischungen Frühjahr männl. Blüten, a) knospig kandiert, seltener roh, b) Pollen zu Mehlbeimischungen	Pflanzen mit Harzaroma für Gewürze, Aroma, Spirituosen, Süßspeisen, Mehl, Gemüse
Aster-Arten *Aster* Korbblütlergewächse (Asteraceae) (!) Siehe Bild Seite 13	Frühjahr fein geschnitten, frisch oder erhitzt Sommer–Herbst frisch ausgezupft oder fein geschnitten		Herb-aromatische, auffällige Blütenpflanzen für Salate und farbige Speisenbeigabe

Augenwurz, Alpen- *Athamanta cretensis* Doldengewächse (Apiaceae) Siehe Bild Seite 13	April–Juni fein geschnitten, frisch oder erhitzt Juli–August a) frisch oder getrocknet, b) eingelegt als Aroma	April–Juni frisch oder erhitzt April–Juni frisch oder erhitzt	Pflanze mit Dill-Petersilienaroma für Gemüse, Gewürze, Spirituosen
Aurikel-Arten *Primula* Primelgewächse (Primulaceae) (!)	Frühjahr frisch oder erhitzt/über-brüht Frühsommer–Sommer kandiert oder eingelegt		Weiche, milde Blätter, Blüten mit Honigaroma für Salate, Gemüse, Tee, Süßspeisen, Spirituosen
Bachbunge *Veronica beccabunga* Wegerichgewächse (Plantaginaceae) Siehe Bild Seite 13	Frühjahr–Sommer überbrüht oder als Aroma Frühjahr, z.T. bis Sommer frisch als Aroma und Speisendekor		Herb-bittere Pflanze für Aroma, Tee, Speisendekor
Baldrian, Echter *Valeriana officinalis* Baldriangewächse (Valerianaceae) (X) Siehe Bild Seite 13	April–Mai frisch oder erhitzt als Gewürz September–März vermahlen	Mai–Juni frisch als Aroma	Säuerlich-herbe Pflanze für Salatebeigaben, Aroma, Gewürz; überdosiert wirkt v.a. die Wurzel leicht betäubend
Baldrian, Sumpf- *Valeriana dioica* Baldriangewächse (Valerianaceae)	September–März fein geschnitten und erhitzt		Herb-würzige Pflanze für Gemüse, Gebäck
Barbarakraut-Arten *Barbarea* Kreuzblütlergewächse (Brassicaceae) (!) Siehe Bild Seite 14	März–Mai fein geschnitten, blanchiert oder gekocht Herbst gepresst als Öl	Frühjahr–Sommer frisch oder erhitzt	Kresseartige bis bittere Pflanzen als Beigabe für Gemüse, Salate

Aster, Neu-England- *Aster novae-angliae*
Sie steht öfters auf nährstoffreichen Ruderalflächen. Die schönen, violetten Randblütenblätter ergeben ausgezupft zusammen mit Salz und Sauerrahm einen exquisiten Gemüse- oder Fingerfood-Dip. (Siehe Seite 11)

Augenwurz, Alpen- *Athamanta cretensis*
Man findet ihn meistens in Felsspalten und kalkigem Felsschutt. Seine feinen Blätter kann man gut zum Würzen von Kartoffelsuppen nutzen, indem man sie fein hackt und frisch in die Suppen einstreut. (Siehe Seite 12)

Bachbunge *Veronica beccabunga*
Sie besiedelt die Röhrichte entlang von Bächen. Die Triebspitzen der jungen Pflanzen sind eine gute Beigabe in Feinschnittkräutermischungen zusammen mit Minze und Rosmarin. (Siehe Seite 12)

Baldrian, Echter *Valeriana officinalis*
Er steht häufig auf feuchten Wiesen. Seine Blüten wurden früher als gutes Aroma für eine würzige Kräuterlimonade verwendet. (Siehe Seite 12, Unverträglichkeit/ Giftigkeit beachten)

Barbarakraut, Gemeines *Barbarea vulgaris*
Sie steht oft auf feuchten und zuweilen überfluteten Stellen. Als scharf-delikate Vorratswürze kann ihre Saat zu Öl gepresst, filtriert und mit etwas Salz verfeinert werden. (Siehe Seite 12)

Bärenklau, Gemeiner *Heracleum sphondylium*
Er ist verbreitet in typischen Grünlandgesellschaften. Eine Salatspezialität: Aus seinen kräftigen Blattstängeln werden grobe Fasern herausgezogen, äußere Haare abgerieben und die Stängel in dünne Scheiben geschnitten; abschließend mit etwas Salz, Öl und Zitrone serviert. (Siehe Seite 15)

Bärwurz *Meum athamanthicum*
Ein beliebter Standort für ihn sind Zwergstrauchheiden. Seine feinen Blätter und gesäuberte Wurzeln sind essentielle Zutaten für eine köstliche Gemüse-Bouillon. (Siehe Seite 15)

Beifuß, Gemeiner *Artemisia vulgaris*
Er wächst zumeist auf nährstoffreichen Wiesen und an Wegrändern. Seine Haupttriebe können vor der Blütenbildung gut geschält werden. Dann eignen sie sich gegart zusammen mit Zucchinistreifen als besonders aromatisches Rahmgemüse. (Siehe Seite 16)

Bärenklau, Gemeiner
Heracleum sphondylium
Doldengewächse (Apiaceae)

April–Mai
fein geschnitten, frisch oder erhitzt

August–Oktober
frisch als Aroma

September–März
fein geschnitten als Gewürz, erhitzt, seltener roh

Frühsommer
knospig geerntet, erhitzt, seltener roh

Mai–Juli
frisch, erhitzt oder eingelegt

Mai–Juni
von groben Fasern befreit, frisch oder erhitzt

Ergiebige Pflanze mit Sellerieаroma für Gemüse, Salate, Gewürze

Siehe Bild Seite 14

Bärentraube-Arten
Arctostaphylos
Heidekrautgewächse (Ericaceae)

August
ausgepresst, frisch und erhitzt

Wildfrucht mit wenig Eigengeschmack, gut für Fruchtsäfte

Bärwurz
Meum athamanthicum
Doldengewächse (Apiaceae)

März–Mai
frisch oder erhitzt

Juni–August
frisch oder getrocknet

September–März
erhitzt, seltener roh

Mai–Juni
frisch oder eingelegt als Gewürz

April–Mai
frisch oder erhitzt

Pflanze mit Fenchel-Sellerie-Aroma für Salate, Gemüse, Gewürze

Siehe Bild Seite 14

Bauernsenf
Teesdalia nudicaulis
Kreuzblütlergewächse (Brassicaceae)
(!)

März–Mai
frisch oder erhitzt

April–Mai
frisch oder eingelegt

Pflanze mit Rucolaaroma für Salate, Gemüse, Gewürze

Beifuß, Einjähriger
Artemisia annua
Korbblütlergewächse (Asteraceae)

April–Juli
getrocknet

Ätherisch duftende Pflanze als Aroma für Spirituosen

Beifuß, Feld- *Artemisia campestris* Korbblütlergewächse (Asteraceae)	August–September getrocknet August–September entblättert, mit Blüten, getrocknet		Beliebte Pflanze für (Brat-)Gewürze
Beifuß, Gemeiner *Artemisia vulgaris* Korbblütlergewächse (Asteraceae) Siehe Bild Seite 14	April–Juni fein geschnitten, frisch, getrocknet oder erhitzt Juli–Oktober getrocknet	Juli–Oktober entblättert, mit Blüten, getrocknet	Verbreitete aromatische Pflanze für Gewürze, Spirituosen, Tee
Beifuß, Strand- *Artemisia maritima* Korbblütlergewächse (Asteraceae)	April–August getrocknet Juli–September getrocknet		Ätherisch duftende Pflanze für Gewürze
Beinwell-Arten *Symphytum* Raublattgewächse (Boraginaceae) Siehe Bild Seite 17	April–Juli fein geschnitten frisch oder erhitzt September–März erhitzt, auch geröstet als Kaffee	April–Mai erhitzt	Von alters her geschätzte Nahrungs- pflanzen mit Gurken- aroma, enthalten Alkaloide, die derzeit als ›evtl. krebser- regend‹ eingestuft werden
Berberitze, Gemeine *Berberis vulgaris* Berberitzengewächse (Berberidaceae) Siehe Bild Seite 17	März–Mai fein geschnitten, frisch, getrocknet oder erhitzt August–September frisch oder getrocknet		Erfrischend saure Pflanze für Salate, Süßspeisen, Tee, Gewürze, Tabak; große Mengen der Blätter können unverträglich/ abführend wirken
Bergminze, Borstige *Clinopodium vulgare* Lippenblütlergewächse (Lamiaceae) Siehe Bild Seite 17	April–Juli frisch oder erhitzt Juli–Oktober frisch ausgezupft		Pflanze mit leichtem Oreganoaroma für Gewürze, Salat- beigabe

Beinwell, Gemeiner *Symphytum officinale*
Eine Pflanze der Grünlandgesellschaften und Hochstaudenfluren. Seine weiß-schwarzen Wurzeln wurden früher in Würfeln dunkel geröstet, anschließend vermahlen und als Röstgetränk gekocht. (Siehe Seite 16, Unverträglichkeit/Giftigkeit beachten)

Berberitze, Gemeine *Berberis vulgaris*
Sie steht meistens am Rande sonniger Wälder oder in Gebüschen. Ihre getrockneten Früchte sind eine Spezialität als saure Würzbeigabe zu Reisgerichten in Nordafrika, aber auch in Europa sind sie sehr geschätzt.
(Siehe Seite 16)

Bergminze, Borstige *Clinopodium vulgare*
Sie wächst insbesondere an sonnigen Gehölzsäumen. Feingehackte junge Blätter und ausgezupfte Blüten bereichern mit ihrem Aroma sehr gut ein Senfdressing für Salate.
(Siehe Seite 16)

Bergminze, Kleine *Calamintha nepeta*
Sie wächst gern in und an trockenen und sonnigen Laubwäldern. Meine Spezialität: Frische hausgemachte Bandnudeln mit Rahmsauce und feinen Blättern getrockneter kleiner Bergminze. (Siehe Seite 19)

Berufkraut, Kanadisches *Conyza canadensis*
Sein typischer Wuchsort sind Ruderal- und Ackerwildkrautgesellschaften. Zarte junge Blätter sind geeignet als Würzbeigabe im Kräuterquark zu Holzfeuer-, Ofenkartoffeln.
(Siehe Seite 19)

Besenheide *Calluna vulgaris*
Sie steht vor allem auf Borstgrastriften und Heideflächen. Ihre Blüten zusammen mit Vanilleschoten angesetzt in Likör machen daraus eine feine Besonderheit.
(Siehe Seite 19)

Bibernelle, Große *Pimpinella major*
Wir finden sie zuweilen in normalen Grünlandgesellschaften. Ihre Blätter eignen sich speziell als feinaromatische Zutat in Frühlingsquark und Kräuterbutter.
(Siehe Seite 19)

Bingelkraut, Einjähriges *Mercurialis annua*
Es steht gerne auf Schutt und Ruderalflächen. Seine fein gehackten Blätter eignen sich ausgekocht als geschmackfüllende Beigabe in salzigen Kräutermarinaden.
(Siehe Seite 20)

Bergminze, Kleine *Calamintha nepeta* Lippenblütlergewächse (Lamiaceae) Siehe Bild Seite 17	April–August fein geschnitten, frisch, getrocknet oder erhitzt Juli–Oktober farbiger Speisendekor, frisch		Pflanze mit Minz-/ Oreganoaroma für Gewürze, Tee
Bergscharte, Alpen- *Centaurea rhapontica* Korbblütlergewächse (Asteraceae)	März–Oktober in Essigwasser gekocht		Bitter-herbe Pflanze als Beigabe für Gemüse
Berufkraut, Kanadisches *Conyza canadensis* Korbblütlergewächse (Asteraceae) Siehe Bild Seite 18	April–Juli kleine Mengen, frisch oder erhitzt Juli–September kleine Mengen, frisch oder erhitzt		Würzige, leicht scharfe Pflanze für Gewürze, Salat- beigabe
Besenginster *Cytisus scoparius* Schmetterlingsblütler- gewächse (Fabaceae)	April–August eingelegt als Bierwürze August–September geröstet als Kaffee	Juli–August wenige junge, weiche Schoten erhitzt Frühjahr kleine Mengen knospig geerntet, erhitzt und eingelegt	Herbe Schoten mit Erbsenaroma, in sehr kleinen Mengen für Gewürze, Eingelegtes; hohe Dosis kann stark unbekömmlich wirken
Besenheide *Calluna vulgaris* Heidekrautgewächse (Ericaceae) Siehe Bild Seite 18	August–September mit Blütenstängel, getrocknet, überbrüht oder eingelegt		Herb-aromatische Pflanze für Tee, Spirituosen
Bibernelle-Arten *Pimpinella* Doldengewächse (Apiaceae) Siehe Bild Seite 18	März–Mai frisch oder erhitzt September–März fein geschnitten und erhitzt oder getrocknet als Gewürz	Juli–Oktober frisch oder kandiert Sommer bis Herbst frisch als Aroma und Speisendekor	Pflanzen mit herbem Gurkenaroma für Gemüse, Salate, Gewürze, Süßigkeit

Bingelkraut, Einjähriges *Mercurialis annua* Wolfsmilchgewächse (Euphorbiaceae) X Siehe Bild Seite 18	April–Juni mehrfach ausgekocht		Herb-salzig-aromatische Pflanze für Gemüsebeigabe; kann unverarbeitet abführend wirken
Binsen-Arten *Juncus* Binsengewächse (Juncaceae) (!)	Spätsommer geröstet als Kaffee oder gekocht und passiert als Suppe/Getränk	Frühjahr geröstet als Kaffee, vermahlen als Mehl, gekocht und passiert als Suppe/Getränk	Stärkereiche, süßliche Graspflanzen für Suppen, Getränke, Kaffee
Birken-Arten *Betula* Birkengewächse (Betulaceae) (!) Siehe Bild Seite 21	Frühjahr frisch, erhitzt oder getrocknet März–Mai Anschnittsaft frisch oder köchelnd einreduziert	März–Mai in Streifen geschnitten und erhitzt April ausgekocht und eingelegt	Wichtige milde Speiselaubbäume für Salate, Gemüse, Getränke
Birnen-Arten *Pyrus* Rosengewächse (Rosaceae) Siehe Bild Seite 21	Herbst frisch, erhitzt oder eingelegt Frühjahr kandiert oder überbrüht		Bekannt aromatische Pflanzen für Süßspeisen, Fruchtspeisen, Tee, Spirituosen
Bitterkraut, Gewöhnliches *Picris hieracioides* Korbblütlergewächse (Asteraceae) Siehe Bild Seite 21	April–Juni a) selten frisch b) mehrfach ausgekocht		Bitter-herbe Pflanze als Beigabe für Gemüse
Blasenkirsche *Physalis alkekengi* Nachtschattengewächse (Solanaceae) X Siehe Bild Seite 21	September–Oktober frisch, erhitzt oder eingelegt		Saftig-mild-aromatische Wildfrucht für Fruchtspeisen, Spirituosen; Einzelfälle von Unverträglichkeit wurden berichtet

Birke, Hänge- *Betula pendula*
Sie ist ein typischer Pionierbaum auf Magerweiden und Steinflächen, steht aber auch in Mooren und lichten Wäldern. Ihre getrockneten und fein vermahlenen Blätter geben in Vollkornbrotteig einen feinen Geschmack ab. (Siehe Seite 20)

Birne, Gemeine *Pyrus communis*
Sie liebt nährstoffreiche tiefgründige Lehmböden und wächst meist in Siedlungsnähe. Neben ihren Früchten gelten auch ihre Blüten als Delikatesse, mit Zuckerwasser auf Wachspapier besprüht und im Ofen getrocknet. (Siehe Seite 20)

Bitterkraut, Gewöhnliches *Picris hieracioides*
Es ist verbreitet auf Ruderalstellen. Die Blätter und die gelben Blütenblättchen werden getrocknet und fein-gerebelt. Sie sind eine gute, herbwürzige Zutat in jeglichem Kräutersalz. (Siehe Seite 20)

Blasenkirsche *Physalis alkekengi*
Sie steht zuweilen am Rande von Erlen- und Edellaub-Auenwäldern. Ihre saftigen Früchte geviertelt, etwas gesüßt, mit Zitronensaft beträufelt wurden früher als Beigabe zu Obstsalaten verwendet. (Siehe Seite 20, Unverträglichkeit/Giftigkeit beachten)

Bocksbart, Wiesen- *Tragopogon pratensis*
Er steht zuweilen auf typischen Grünlandflächen. Seine länglichen, delikaten Blütenknospen gelten auch in Spitzen- als Besonderheit. Sie können wie Grünspargel zubereitet werden. (Siehe Seite 23)

Braunelle, Kleine *Prunella vulgaris*
Eine bekannte Pflanze von Grünlandgesellschaften. Ihre blauen Blüten empfehlen sich ausgezupft als Beigabe in Blütenmischungen um Frischkäsekugeln gemantelt. (Siehe Seite 24)

Brennnessel, Grosse *Urtica dioica*
Weitverbreitete Pflanze nährstoffreicher Krautfluren. Ihre Blätter werden für Sekunden blanchiert, etwas gesalzen und bieten sich so als hervorragend würziger Salat, z.B. mit Fenchelstreifen, an. (Siehe Seite 25)

Brombeere, Echte *Rubus fruticosus*
Sie bildet den bekannten Unterwuchs in lichten Wäldern. Ein Klassiker unter den Wildfrüchten. Die Früchte, zusammen mit 4–5 Vogelbeeren pro Glas zum Gelieren, ergeben eine köstliche Marmelade. (Siehe Seite 25)

Blaugras-Arten *Sesleria* Süßgrasgewächse (Poaceae)	Spätsommer geröstet als Kaffee oder gekocht und passiert als Suppe/Getränk Frühjahr geröstet als Kaffee, vermahlen als Mehl,	gekocht und passiert als Suppe/Getränk Frühjahr innere weißliche Triebabschnitte, frisch oder erhitzt	Stärkereiche, süßliche Graspflanzen für Gemüsebeigabe, Getränke, Kaffee
Blutauge, Sumpf- *Potentilla palustris* Rosengewächse (Rosaceae)	April–Juni überbrüht oder als Aroma		Herb-aromatische Pflanze für Tee
Bluthirse-Arten *Digitaria* Süßgrasgewächse (Poaceae)	Spätsommer geröstet als Kaffee oder gekocht und passiert als Suppe/Getränk Frühjahr geröstet als Kaffee, vermahlen als Mehl,	gekocht und passiert als Suppe/Getränk Frühjahr innere weißliche Triebabschnitte, frisch oder erhitzt	Stärkereiche, süßliche Graspflanzen für Gemüsebeigabe, Getränke, Kaffee
Blutwurz *Potentilla erecta* Rosengewächse (Rosaceae)	April–Juni fein geschnitten, frisch oder erhitzt September–März mehrfach ausgekocht	Juni–August frisch oder erhitzt	Bissfeste, leicht herbe Pflanze für Salate, Gemüse
Bocksbart-Arten *Tragopogon* Korbblütlergewächse (Asteraceae) Siehe Bild Seite 22	April–Mai frisch oder erhitzt April–Mai frisch oder erhitzt	April–Juli a) knospige Blüten mit Stängel, frisch oder erhitzt b) Blütenblätter, frisch	Pflanzen mit mildem, z.T. spargelähnlichem Aroma für Salate, Gemüse, Speisendekor
Bocksdorn *Lycium barbarum* Nachtschattengewächse (Solanaceae)	April–Juni getrocknet und überbrüht als Aroma September erhitzt		Pflanze mit säuerlichem, z.T. minzeähnlichem Aroma; lange Zeit als giftig eingestuft, aktuelle Berichte sprechen für die Essbarkeit

Bocksdorn, Chinesischer *Lycium chinense* Nachtschattengewächse (Solanaceae)	April–Juli getrocknet und überbrüht als Aroma		Pflanze mit leicht scharfem, z.T. minzeähnlichem Aroma; lange Zeit als giftig eingestuft, aktuelle Berichte sprechen für die Essbarkeit
Borretsch *Borago officinalis* Raublattgewächse (Boraginaceae)	April–August frisch oder erhitzt Mai–September frisch, kandiert oder als Aroma in Öl		Von alters her geschätzte Nahrungspflanze mit Gurkenaroma, enthält Alkaloide, die derzeit als ›evtl. krebserregend‹ eingestuft werden
Borstenhirse-Arten *Setaria* Süßgrasgewächse (Poaceae)	Spätsommer geröstet als Kaffee oder gekocht und passiert als Suppe/Getränk Frühjahr geröstet als Kaffee, vermahlen als Mehl,	gekocht und passiert als Suppe/Getränk Frühjahr innere weißliche Triebabschnitte, frisch oder erhitzt	Stärkereiche, süßliche Graspflanzen für Gemüsebeigabe, Getränke, Kaffee
Borstgras *Nardus stricta* Süßgrasgewächse (Poaceae)	Spätsommer geröstet als Kaffee oder gekocht und passiert als Suppe/Getränk Frühjahr geröstet als Kaffee, vermahlen als Mehl,	gekocht und passiert als Suppe/Getränk Frühjahr innere weißliche Triebabschnitte, frisch oder erhitzt	Stärkereiche, süßliche Graspflanze für Gemüsebeigabe, Getränke, Kaffee
Braunelle, Große *Prunella grandiflora* Lippenblütlergewächse (Lamiaceae)	April–Juni frisch oder erhitzt Juli–September frisch ausgezupft		Bitter-herb-aromatische Pflanze für Salate, Gemüse
Braunelle, Kleine *Prunella vulgaris* Lippenblütlergewächse (Lamiaceae) Siehe Bild Seite 22	April–Mai frisch, erhitzt oder eingelegt Mai–September frisch ausgezupft		Bitter-herb-aromatische Pflanze für Salate, Gemüse, Aroma

Brennnessel-Arten *Urtica* Brennnesselgewächse (Urticaceae) Siehe Bild Seite 22	April–Juni frisch blanchiert, erhitzt/überbrüht, oder getrocknet	August–Oktober frisch blanchiert, geröstet, eingelegt oder getrocknet Sommer–Frühherbst frisch blanchiert	Nussig-würzige Pflanzen für Gewürze, Gemüse, Salate, Aroma
Brillenschötchen, Gemeines *Biscutella laevigata* Kreuzblütlergewächse (Brassicaceae)	April–Mai fein geschnitten, frisch oder erhitzt Juni–Juli sehr jung, unreif geerntet, frisch oder eingelegt	Mai–August frisch oder eingelegt	Pflanze mit Kresse-aroma für Salate, Gemüse
Brombeeren-Arten *Rubus* Rosengewächse (Rosaceae) Siehe Bild Seite 22	März–April fein geschnitten frisch, getrocknet oder erhitzt Herbst frisch, erhitzt, vergoren oder eingelegt	Sommer frisch als Aroma und Speisendekor Frühjahr frisch oder erhitzt	Säuerlich- bis süß-aromatische Wildfrüchte für Tee, Fruchtspeisen, Spirituosen; nussig-aromatische Blätter für Gemüse, Tee
Brunnenkresse-Arten *Nasturtium* Kreuzblütlergewächse (Brassicaceae) Siehe Bild Seite 27	März–August frisch oder erhitzt August–Oktober vermaischt oder vermahlen	Mai–September frisch als Aroma und Speisendekor April–Juli frisch oder erhitzt	Pflanze mit scharfem Kressearoma für Gewürze, Salate, Gemüse, Senf, Öl
Buche, Rot- *Fagus sylvatica* Buchengewächse (Fagaceae) Siehe Bild Seite 27	April bzw. Juli a) frisch, erhitzt oder eingelegt b) getrocknet für Tabak im Sommer	September erhitzt, geröstet, gepresst oder eingelegt März–April in Streifen geschnitten und erhitzt	Ergiebiger Speiselaubbaum für Salate, Gemüse, Getränkearomen, Kaffee, Tabakbeigabe; Samen können unverarbeitet unbekömmlich wirken
Buchs *Buxus sempervirens* Buchsbaumgewächse (Buxaceae)	September kleinste Mengen, getrocknet		Selten genutzte Pflanze als Bittergewürz für Bier; hohe Dosierung kann toxisch wirken

Buchweizen, Echter
Fagopyrum esculentum
Knöterichgewächse (Polygonaceae)

August–September
vermahlen und erhitzt

Getreideartige Pflanzensamen für Getreidespeisen, Getränke; Blätter können Schleimhäute reizen

Siehe Bild Seite 27

Buchweizen, Tatarischer
Fagopyrum tataricum
Knöterichgewächse (Polygonaceae)

August–September
vermahlen und erhitzt

Getreideartige Pflanzensamen für Getreidespeisen, Getränke

Chrysanthemen-Arten
Chrysanthemum
Korbblütlergewächse (Asteraceae)

April–Mai
fein geschnitten, frisch oder erhitzt

Sommer–Herbst
frisch ausgezupft oder fein geschnitten

Fruchtig schmeckende Blüten, milde Blätter für Salate, Gemüse

Siehe Bild Seite 27

Claytonie
Claytonia perfoliata
Portulakgewächse (Portulacaceae)

Juni–September
frisch oder erhitzt

Juni–September
erhitzt als Gemüse oder vermahlen als Mehl

Zarte und milde Pflanze mit süßlicher, stärkereicher Wurzel für Salate, Gemüse

Siehe Bild Seite 28

Diptam
Dictamnus albus
Rautengewächse (Rutaceae)

April–Juni
getrocknet und überbrüht

Erfrischend säuerliche Pflanze für Süßspeisen, Tee

Distel-Arten
Carduus
Korbblütlergewächse (Asteraceae)

April–Juni
frisch oder erhitzt

Herbst
gepresst als Öl

September–März
fein geschnitten, frisch oder erhitzt

März–Juni
Presssaft

Sommer
Zungenblüten, Blütenboden, frisch oder erhitzt

April–Juni
frisch oder erhitzt

Mild schmeckende, von Stacheln zu befreiende Pflanzen für Gemüse, Salate, Mehl, Öl

Siehe Bild Seite 28

Brunnenkresse, Echte *Nasturtium officinale*
Sie steht meist in klaren, langsam fließenden Bächen. Brunnenkresse-Suppe mit pürierten Kartoffeln und Sauerklee ergibt eine feine Delikatesse. (Siehe Seite 25)

Buche, Rot- *Fagus sylvatica*
Sie ist der prägende Baum unserer meisten Laubwälder. Früher wurden ihre Samen geschält und ergaben mit etwas Salz in der Pfanne geröstet eine gehaltvolle, einfache, aber sehr geschmackvolle, nussige Knabberei. (Siehe Seite 25, Unverträglichkeit/Giftigkeit beachten)

Buchweizen, Echter *Fagopyrum esculentum*
Wir finden ihn hin und wieder in Ruderalgesellschaften. In Salzwasser weichgekochte Samen ergeben mit feinen gedünsteten Zwiebeln, Sauerrahm und Sauerklee ein Feinschmecker-Risotto. (Siehe Seite 26)

Chrysantheme, Saat- *Chrysanthemun segetum*
Besonders früher sehr verbreitet in Ackerwildkrautfluren. Ihre gelben Randblütenblättchen werden kurz blanchiert und bereichern als hübsche Einlage klassische Gemüsesuppen. (Siehe Seite 26)

Claytonie *Claytonia perfoliata*
Sie steht gerne auf krautreichen Wiesen im Halbschatten. Die scheibenförmigen Blätter mit Stielen und Blüten ergeben zusammen einen der besten frischen Blattsalate, z.B. mit einem leichten Senfdressing. (Siehe Seite 26)

Distel, Kletten- *Carduus personata*
Sie steht gerne an Ufersäumen. Die abgeschnittenen feinen, violetten Blütenfäden sind eine milde essbare Speisendekoration, die sich besonders gut für Süßspeisen und Torten eignet. (Siehe Seite 26)

Distel, Krause *Carduus crispus*
Sie wächst an Gehölzsäumen im Halbschatten. Wer mit festen Lederhandschuhen und einem scharfen Messer die Blütenböden ausschneidet und dünstet, erlebt einen kleinen, aber edlen Gemüsegenuss. (Siehe Seite 26)

Doppelsame, Mauer- *Diplotaxis muralis*
Er wächst gewöhnlich in Ruderalgesellschaften. Seine jungen Blätter sind feingehackt und frisch aufgestreut eine wohlschmeckende Würze für jegliche Aufschnitt- und Brotzeitplatten. (Siehe Seite 29)

Doppelsame-Arten *Diplotaxis* Kreuzblütlergewächse (Brassicaceae) Siehe Bild Seite 28	Frühjahr frisch oder erhitzt Frühsommer frisch oder eingelegt		Pflanze mit Rucola-aroma für Salate, Gemüse
Dornmelde *Bassia hirsuta* Fuchsschwanzgewächse (Amaranthaceae) !	April–Juni fein geschnitten und erhitzt September–Oktober getrocknet und vermahlen als Mehl		Nussig-milde Pflanze für Spinat, Mehl-beimischungen
Dost *Origanum vulgare* Lippenblütlergewächse (Lamiaceae) Siehe Bild Seite 31	April–Juli frisch, eingelegt oder erhitzt/überbrüht Juli–September frisch, eingelegt oder erhitzt/überbrüht	Juli–Oktober getrocknet als Spick-gewürz	Bekannt aromatische Pflanze für Gewürze, Tee, Spirituosen, Salatbeigabe
Douglasie, Küsten- *Pseudotsuga menziesii* Kieferngewächse (Pinaceae) Siehe Bild Seite 31	März–Mai erhitzt oder eingelegt Juni unreif, noch weich geerntet und eingelegt	März–April in Streifen geschnitten und erhitzt als Gemüse Frühjahr männl. Blüten, a) knospig kandiert oder eingelegt, b) Pollen als Mehl	Säuerliche, z.T. nach Harz schmeckende Pflanze für Aroma, Tee, Spirituosen, Süßspeisen, Mehl-beimischungen, Gemüsebeigaben
Dreizahn-Arten *Danthonia* Süßgrasgewächse (Poaceae) (!)	Spätsommer geröstet als Kaffee oder gekocht und passiert als Suppe/Getränk Frühjahr geröstet als Kaffee, ver-mahlen als Mehl,	gekocht und passiert als Suppe/Getränk Frühjahr innere weißliche Trieb-abschnitte, frisch oder erhitzt	Stärkereiche, süßliche Graspflanzen für Gemüsebeigabe, Getränke, Kaffee
Ebereschen-Arten *Sorbus* Rosengewächse (Rosaceae) (!)	August–November geröstet als Kaffee August–November nach ersten starken Frösten geerntet	a) erhitzt, überbrüht oder getrocknet und ver-mahlen, b) in kleinen Mengen roh Frühsommer überbrüht	Mehlig bis saftige, süßlich bis bittere Wildfrüchte für Mehlbeimischungen, Tee, Fruchtspeisen, Saucen, Spirituosen, Kaffee

Eberwurz-Arten
Carlina
Korbblütlergewächse
(Asteraceae)

(!)

April–Juni
Stacheln abgeschnitten, frisch oder erhitzt

Herbst
gepresst als Öl

April–Juni
frisch oder erhitzt

September–März
fein geschnitten, frisch oder erhitzt

Sommer
Blütenboden, frisch oder erhitzt

Mild schmeckende, von Stacheln zu befreiende Pflanzen für Gemüse, Salate, Öl

Edelraute, Echte
Artemisia umbelliformis
Korbblütlergewächse
(Asteraceae)

!

April–Juli
getrocknet und eingelegt

Ätherisch duftende Pflanze als Aroma für Likör

Ehrenpreis-Arten
Veronica
Wegerichgewächse
(Plantaginaceae)

(!)

Siehe Bild Seite 31

Frühjahr–Sommer
überbrüht oder als Aroma

Frühjahr, z.T. bis Sommer
frisch als Aroma und Speisendekor

Milde und auch herb-bittere Pflanzenarten für Aroma, Tee, Speisendekor

Eibisch-Arten
Althaea
Malvengewächse
(Malvaceae)

(!)

Frühjahr
frisch oder erhitzt

September–Oktober
jung, unreif geerntet, frisch oder eingelegt

Oktober–März
frisch oder erhitzt

Sommer
farbiger Speisendekor, frisch oder erhitzt

Milde bis säuerliche Pflanzen für Gemüse, Süßspeisen

Eichen-Arten
Quercus
Buchengewächse (Fagaceae)

(!)

Siehe Bild Seite 32

März–April
fein geschnitten, frisch oder getrocknet und vermahlen

September
a) feingehobelt frisch, gewässert oder erhitzt,
b) geröstet oder vermahlen

September
frisch eingelegt

Leicht bittere Wildfrüchte für Getränke, Mehl, Kaffee; Blätter für Gewürze, Mehl

Eisenkraut
Verbena officinalis
Eisenkrautgewächse
(Verbenaceae)

Siehe Bild Seite 32

April–Juni
blanchiert oder überbrüht

Frühjahr bis Sommer
frisch oder erhitzt als Dekor

Bitter schmeckende Pflanze mit Zitrusaroma für Salatbeigaben, Tee, Speisendekor

Doppelsame, Schmalblättriger *Diplotaxis tenuifolia*
Er gehört zu den Pionierpflanzen auf trockenen Böden. Seine zarten jungen Blätter sind eine besondere Ergänzung zu Feld- oder Rucola-Salaten. (Siehe Seite 29)

Dost *Origanum vulgare*
Er steht oft an besonnten Staudensäumen. Er ist eines der bekanntesten Wildpflanzen-Gewürze für die italienische Küche mit Tomaten. (Siehe Seite 29)

Douglasie, Küsten- *Pseudotsuga menziesii*
Häufig gepflanzter Baum der Mischwälder. Spezialität: Der eiweißreiche Blütenpollen ergibt eine würzige Zutat in Teigen, z.B. im Teig für Grießknödel. (Siehe Seite 29)

Ehrenpreis, Gamander- *Veronica chamaedrys*
Er steht gerne in der Vegetation häufig gestörter Flächen und in Wäldern. Seine Blüten sind optisch und geschmacklich eine Bereicherung als abschließende Beigabe über Misch-Blattsalate mit Radicchio. (Siehe Seite 30)

Eiche, Stiel- *Quercus robur*
Sie bildet Bestände in Wäldern mit überwiegend Laubbäumen. Aus den fein vermahlenen und gewässerten Früchten lässt sich zusammen mit Getreidemehl ein guter nussiger Plätzchenteig herstellen. (Siehe Seite 30)

Eisenkraut *Verbena officinalis*
Sie besiedelt häufig betretene Rasenflächen und Wegränder. Der Teeaufguss aus frischen Eisenkrautblättern ist eine beliebte Heißgetränke-Spezialität.
(Siehe Seite 30)

Engelwurz, Wald- *Angelica sylvestris*
Sie wächst auf Feuchtwiesen und in Auwäldern. Schon früher wurden ihre großen Blattstängel geschält, dicke Fasern längs herausgezogen und abschließend mehrfach in Zuckerlösung kochend als Süßigkeit kandiert.
(Siehe Seite 33)

Erdbeere, Wald- *Fragaria viridis*
Sie wächst in Waldlichtungen und an Gebüschrändern. Bekannte Spezialität aus ihren süßen Früchten: Joghurteis mit frischen Wald-Erdbeeren. (Siehe Seite 33)

Elsbeere *Sorbus torminalis* Rosengewächse (Rosaceae)	August–November geröstet als Kaffee August–November nach ersten tiefen Frösten geerntet	a) erhitzt, überbrüht oder getrocknet und vermahlen, b) in kleinen Mengen roh Frühsommer überbrüht	Sehr saure Wild- früchte für Mehl- beimischungen, Tee, Fruchtspeisen, Saucen, Spirituosen, Kaffee
Engelwurz-Arten *Angelica* Doldengewächse (Apiaceae) Siehe Bild Seite 32	März–Juni Gemüsebeigabe erhitzt August–September getrocknet als Gewürz oder überbrüht als Tee September–März öldestilliert, getrocknet	und vermahlen oder als Aroma Juni–Juli frisch als Aroma, als Knospen kandiert Juni kandiert	Edelbittere Pflanzen für Süßspeisen, Spirituosen, Gemüse, Gewürze
Erdbeeren-Arten *Fragaria* Rosengewächse (Rosaceae) (!) Siehe Bild Seite 32	Frühjahr–Sommer fein geschnitten, frisch oder erhitzt Juni–Juli frisch, erhitzt oder ein- gelegt	April–Juni kandiert oder überbrüht	Süße Wildfrüchte und milde Blätter für Salatbeigaben, Gemüse, Tee, Frucht- speisen
Erdbeerspinat-Arten *Chenopodium* Fuchsschwanzgewächse (Amaranthaceae) (!)	Frühjahr fein geschnitten, frisch, eingesäuert oder erhitzt August–September a) getrocknet und ver- mahlen als Mehl,	b) gekocht als Brei (Kochwasser gewechselt) Frühsommer knospig geerntet, gekocht Frühsommer frisch oder erhitzt	Spinatartige, nussig- herbe Pflanzen für Gemüse, Mehlbeimi- schungen, Getreide- brei, Sauerkraut
Erdkastanie, Französische *Conopodium majus* Doldengewächse (Apiaceae)	September–März fein geschnitten, erhitzt, seltener roh		Süßliche stärkereiche Wurzel für Salate, Gemüse
Erdmandel *Cyperus esculentus* Riedgrasgewächse (Cyperaceae)	Spätsommer geröstet als Kaffee oder gekocht und passiert als Suppe/Getränk Frühjahr geröstet als Kaffee, vermahlen als Mehl,	gekocht und passiert als Suppe/Getränk Frühjahr innere weißliche Trieb- abschnitte, frisch oder erhitzt	Stärkereiche, süßliche Graspflanze für Gemüsebeigabe, Getränke, Kaffee

Erlen-Arten *Alnus* Birkengewächse (Betulaceae) Siehe Bild Seite 35	März–Mai fein geschnitten, frisch oder erhitzt Mai unreif, noch weich geerntet, ausgekocht und würzig eingelegt		Gerbstoffhaltige, bittere Pflanzen als geringe Beigabe für Gemüse, Feinschnittkräutermischungen
Eschen-Arten *Fraxinus* Ölbaumgewächse (Oleaceae) Siehe Bild Seite 35	Mai–August erhitzt/überbrüht August ausgereift als Bittergewürz	Mai–Juni unreif, noch weich geerntet, ausgekocht und würzig eingelegt	Sehr bittere Speiselaubbäume für Gewürze, Eingelegtes, Tee
Eselsdistel, Große *Onopordum acanthium* Korbblütlergewächse (Asteraceae)	September–Oktober gepresst als Öl September–März erhitzt als Gemüse oder vermahlen als Mehl	Juli–September a) farbige Blütenblätter frisch abgeschnitten, b) Blütenboden erhitzt April–Juni frisch oder erhitzt	Pflanzen mit Artischockenaroma für Salate, Gemüse, Öl, Speisendekor
Esparsette, Futter- *Onobrychis viciifolia* Schmetterlingsblütlergewächse (Fabaceae) Siehe Bild Seite 35	April–Mai überbrüht, frisch und getrocknet		Herb-aromatische Pflanze für Tee
Essigbaum *Rhus hirta* Sumachgewächse (Anacardiaceae) Siehe Bild Seite 35	August–September frisch, getrocknet und vermahlen oder eingelegt		Saueraromatische Wildfrüchte für Aroma, Gewürze
Federschwingel-Arten *Vulpia* Süßgrasgewächse (Poaceae) (!)	Spätsommer geröstet als Kaffee oder gekocht und passiert als Suppe/Getränk Frühjahr geröstet als Kaffee, vermahlen als Mehl,	gekocht und passiert als Suppe/Getränk Frühjahr innere weißliche Triebabschnitte, frisch oder erhitzt	Stärkereiche, süßliche Graspflanzen für Gemüsebeigabe, Getränke, Kaffee

Erle, Grau- *Alnus incana*
Sie ist ein typischer Baum der Auwälder. Ihre jungen herben Blätter eignen sich getrocknet und fein verrebelt als hervorragende Würze in Kräutersalzen. (Siehe Seite 34)

Esche, Gemeine *Fraxinus excelsior*
Ein typischer Baum weitläufiger Auwälder. Die gereiften, geschälten und vermahlenen Samen können fein dosiert mit Muskat zusammen in der Weihnachtsbäckerei verwendet werden. (Siehe Seite 34)

Esparsette, Futter- *Onobrychis viciifolia*
Sie wächst gerne auf Kalk-Magerrasen. Die jungen Blätter empfehlen sich getrocknet, gerebelt, wieder leicht angefeuchtet und bei Raumtemperatur zu einem Schwarztee-Ersatz fermentiert. (Siehe Seite 34)

Essigbaum *Rhus hirta*
Er verwildert gerne in Hecken. Eine Spezialität sind seine roten, pelzigen Früchte. Wenn man sie über Nacht in kaltem Wasser ziehen lässt, erhält man eine saure, erfrischende Limonade. (Siehe Seite 34)

Felsenbirnen-Arten *Amelanchier ovalis*
Als Standort bevorzugt sie sonnige, trockene Steilhänge und Säume von Gebüschen. Ihre entkernten Früchte bieten die Grundlage für eine sehr feine Eissauce. Sie werden mit etwas Wasser kurz erhitzt, ggf. gesüßt und heiß über Joghurteis serviert. (Siehe Seite 37)

Fenchel *Foeniculum vulgare*
Er ist meist angebaut, aber auch wild zu finden in warmen Ruderalflächen und Ackerwildkrautfluren. Bekannteste Delikatesse ist seine verdickte Triebbasis, z.B. in Streifen geschnitten als Rohkost-Sticks mit Dip-Saucen. (Siehe Seite 37)

Ferkelkraut, Gemeines *Hypochaeris radicata*
Nährstoffreiche Frischwiesen und -weiden sind sein Zuhause. Aus seiner Wurzel wurde früher Kaffee geröstet. Dazu wurden kleine Wurzelstücke über der Flamme dunkel gebräunt, vermahlen und überbrüht. (Siehe Seite 37)

Fetthenne, Purpur- *Sedum telephium*
Auf Steinschutt und Geröllfluren findet man sie hin und wieder. Ihre dicken Blätter eignen sich sehr gut in feine Streifen geschnitten in kleinen Mengen als Beigabe zu Gurkensalaten und Zaziki. (Siehe Seite 38, Unverträglichkeit/Giftigkeit beachten)

Feldsalat-Arten *Valerianella* Baldriangewächse (Valerianaceae)	Frühjahr und Herbst frisch oder erhitzt Frühjahr–Sommer frisch oder erhitzt		Bekannte Pflanzen mit Nussaroma für Salate, Gemüse
Felsenbirnen-Arten *Amelanchier* Rosengewächse (Rosaceae) Siehe Bild Seite 36	April–Juni überbrüht Herbst ohne Kerne, frisch oder erhitzt		Frisch-süße Wildfruchtpflanzen für Tee und Fruchtspeisen
Felsenblümchen-Arten *Draba* Kreuzblütlergewächse (Brassicaceae) (!)	Sommer Blütenstände mit Knospen und jungen Samen, frisch oder eingelegt		Pflanzen mit Kresse-aroma für Gewürze, Salatbeigaben
Felsennelke, Sprossende *Petrorhagia prolifera* Nelkengewächse (Caryophyllaceae)	Juni–Oktober überbrüht oder als farbiger Dekor		Mild-aromatische Pflanze für Tee, Speisendekor
Fenchel *Foeniculum vulgare* Doldengewächse (Apiaceae) Siehe Bild Seite 36	April–Juli frisch oder erhitzt September–Oktober frisch, getrocknet oder eingelegt	Juli–August frisch, erhitzt oder eingelegt	Bekannte, aromatische Pflanze für Gemüse, Gewürze, Salate
Ferkelkraut-Arten *Hypochaeris* Korbblütlergewächse (Asteraceae) (!) Siehe Bild Seite 36	März–Mai fein geschnitten, in Wasser gespült zum Entbittern, frisch oder erhitzt April–September fein geschnitten, erhitzt oder geröstet	Sommer–Spätsommer frisch ausgezupft oder knospig eingelegt	Bitter-herbe Pflanzen als Beigabe für Gemüse, Salate, Kaffee, Eingelegtes

Fetthenne-Arten
Sedum
Dickblattgewächse (Crassulaceae)

Frühjahr
frisch, erhitzt oder getrocknet

Saftige, meist milde, aber auch sehr scharfe Pflanzen als Beigabe zu Gemüse, Salaten, Gewürzen; scharfe Arten gering dosiert, Schärfe wirkt stark unverträglich

Siehe Bild Seite 36

Fichten-Arten
Picea
Kieferngewächse (Pinaceae)

April–Juni
fein geschnitten, frisch oder erhitzt/überbrüht

Herbst
gepresst als Öl

März–Mai
Anschnittsaft frisch oder köchelnd einreduziert

Mai–Juni
unreif, noch weich geerntet und eingelegt als Aroma

März–April
in Streifen geschnitten und erhitzt oder getrocknet als Mehl-beimischungen

Frühjahr
männliche Blüten,
a) knospig kandiert, seltener roh,
b) Pollen zu Mehl-beimischungen

Säuerlich schmeckende Pflanzen, z.T. mit Harzaroma für Gewürze, Aroma, Tee, Spirituosen, Süßspeisen, Mehl

Siehe Bild Seite 39

Fichtenspargel
Monotropa hypopitys
Heidekrautgewächse (Ericaceae)

April
erhitzt

Selten genutzte Pflanze als Beigabe für Gemüse

Fingerkraut, Aufrechtes
Potentilla recta
Rosengewächse (Rosaceae)

Juli–September
frisch oder erhitzt

Nussige Samen für Gemüse

Fingerkraut, Gänse-
Potentilla anserina
Rosengewächse (Rosaceae)

April–Juni
fein geschnitten, frisch oder erhitzt/überbrüht

September–März
frisch oder vermahlen, erhitzt

Juni–August
farbiger Speisendekor, frisch

Behaarte, herbsäuerliche Pflanze für Gemüse, Feinschnitt-kräutermischungen, Tee, Mehl

Siehe Bild Seite 39

Fichte, Gemeine *Picea abies*
Sie ist der verbreitetste Baum saurer Nadelwälder. Bekannt sind ihre hellgrünen Frühjahres-Triebspitzen als sauer-aromatisches Limonaden-Gewürz. Über Nacht die Triebe in Wasser legen und dieses am nächsten Tag gekühlt, ggf. gesüßt, trinken. (Siehe Seite 38)

Fingerkraut, Gänse- *Potentilla anserina*
Es ist zu finden auf häufig betretenen Flächen, Wegen und überfluteten Rasen. Seine Blätter enthalten überdurchschnittlich viel Vitamin C. Der aus den Blättern gepresste Rohsaft bietet sich verdünnt als Zugabe in Joghurtgetränken an. (Siehe Seite 38)

Fingerkraut, Kriechendes *Potentilla reptans*
Es ist eine Pionierpflanze auf feuchten und überfluteten Rasen. Seine jungen aber bissfesten Blätter bieten sich zusammen mit Petersilie, Salbei und Rosmarin für Feinschnittkräutermischungen an. (Siehe Seite 40)

Flockenblume, Wiesen- *Centaurea jacea*
Ihre Standorte sind meist Heide- und Trockenrasenflächen. Ihre frischen, ausgezupften Strahlenblüten sind besonders hübsche, violette Farbakzente in grünen Blattsalaten. (Siehe Seite 40)

Fingerkraut, Kriechendes *Potentilla reptans* Rosengewächse (Rosaceae) Siehe Bild Seite 39	April–Juni fein geschnitten, frisch oder erhitzt		Verbreitete, milde Pflanze für Gemüse, Feinschnittkräutermischungen, Salate
Fingerkraut, Silberweißes *Potentilla argentea* Rosengewächse (Rosaceae)	April–Juni fein geschnitten, frisch oder erhitzt Juni–August frisch oder erhitzt		Weißfilzige, milde Pflanze als Beigabe zu Gemüse, Salate
Finkensame-Arten *Neslia* Kreuzblütlergewächse (Brassicaceae) (!)	April–Mai frisch oder erhitzt September vermaischt oder vermahlen als Senf	Mai–September knospig und erblüht, frisch oder erhitzt	Pflanze mit Rapsaroma für Salate, Gemüse
Flattergras *Milium effusum* Süßgrasgewächse (Poaceae)	Spätsommer geröstet als Kaffee oder gekocht und passiert als Suppe/Getränk Frühjahr geröstet als Kaffee, vermahlen als Mehl,	gekocht und passiert als Suppe/Getränk Frühjahr innere weißliche Triebabschnitte, frisch oder erhitzt	Stärkereiche, süßliche Graspflanze für Gemüsebeigabe, Getränke, Kaffee
Flockenblume, Wiesen- *Centaurea jacea* Korbblütlergewächse (Asteraceae) ((!)) Siehe Bild Seite 39	Mai–September getrocknet als Bierwürze Juni–September frisch oder getrocknet		Herb-aromatische Pflanze für Tee, Spirituosen
Flügelknöterich, Acker- *Fallopia convolvulus* Knöterichgewächse (Polygonaceae)	September–Oktober vermahlen und erhitzt		Pflanzensamen mit Nussaroma für Getreidespeisen, Getränke

Flügelknöterich, Hecken-
Fallopia dumetorum
Knöterichgewächse
(Polygonaceae)

September–Oktober
vermahlen

Pflanzensamen mit Nussaroma für Mehlbeimischungen

Siehe Bild Seite 42

Flügelknöterich, Japanischer
Fallopia japonica
Knöterichgewächse
(Polygonaceae)

September–März
erhitzt

März–April
jung, zart geerntet und erhitzt

Ergiebige Pflanze mit mildem Rhabarberaroma für Gemüse, Süßspeisen; keine dauerhafte Einnahme

Siehe Bild Seite 42

Flügelknöterich, Sachalin-
Fallopia sachalinensis
Knöterichgewächse
(Polygonaceae)

September–Oktober
vermahlen als Mehl

September–März
fein geschnitten, gewässert und erhitzt

März–April
jung, zart geerntet und erhitzt

Pflanze mit mildem Rhabarberaroma für Mehlbeimischungen, Gemüse, Süßspeisen

Frauenfarn, Wald-
Athyrium felix-femina
Waldfarngewächse
(Athyriaceae)

April–Juni
getrocknet als Bierwürze

April–Mai
gekocht

Selten genutzte, herbe Farnpflanze für Gewürze, Gemüsebeigabe

Frauenmantel-Arten
Alchemilla
Rosengewächse (Rosaceae)
(!)

März–Mai
frisch, erhitzt oder getrocknet

Sommer
fein geschnitten, frisch oder erhitzt

Milde, aber z.T. behaarte Pflanzen für Gemüse, Feinschnittkräutermischungen, Gewürze

Siehe Bild Seite 42

Frauenspiegel, Gewöhnlicher
Legousia speculum-veneris
Glockenblumengewächse
(Campanulaceae)
!

April–Juni
frisch oder erhitzt

Selten genutzte Pflanze als Beigabe für Gemüse, Salate

Flügelknöterich, Hecken- *Fallopia dumetorum*
Er rankt gerne entlang von Heckenrändern. Die stärkereichen, getrockneten Samen sind samt den Flügelchen fein vermahlen eine raffinierte Beigabe für süßen Plätzchenteig. (Siehe Seite 41)

Flügelknöterich, Japanischer *Fallopia japonica*
Er steht in Herden gerne auf nährstoffreichen Krautfluren. Die im Frühjahr austreibenden jungen, daumendicken Triebe, bis zu einer Größe von ca. 20 cm, bieten ein herausragendes, säuerliches Aroma. Man nutzt sie z.B. einfach weich gekocht, gesüßt als Kompott. (Siehe Seite 41)

Frauenmantel, Gemeiner *Alchemilla vulgaris*
Er ist eine typische Wiesen- und Grünlandpflanze. Seine festen, großen Blätter ergeben in Streifen geschnitten zusammen mit Brennnesselblättern und Schafskäse eine wohlschmeckende Füllung für Blätterteigtaschen. (Siehe Seite 41)

Fuchsschwanz, Zurückgekrümmter
Amaranthus retroflexus
Er ist ein häufiges Ackerwildkraut und wächst sonst gerne auf Ruderalflächen. Junge, noch elastische Haupttriebe werden vor der Blüte geschält und ergeben mit etwas Öl und Salz ein hervorragendes, kurzgebratenes Wokgemüse. (Siehe Seite 43)

Froschlöffel, Gemeiner
Alisma plantago-aquatica
Froschlöffelgewächse (Alismataceae)

März–Mai
Blätterbasis nur gekocht

Selten genutzte Pflanze für Gemüse; evtl. Hautirritationen durch Pflanzenmilchsaft, Wurzel gilt frisch als leicht giftig

Fuchshirse-Arten
Setaria
Süßgrasgewächse (Poaceae)

Spätsommer
geröstet als Kaffee oder gekocht und passiert als Suppe/Getränk

Frühjahr
geröstet als Kaffee, vermahlen als Mehl, gekocht und passiert als Suppe/Getränk

Frühjahr
innere weißliche Triebabschnitte, frisch oder erhitzt

Stärkereiche, süßliche Graspflanzen für Gemüsebeigaben, Getränke, Kaffee

Fuchsschwanz-Arten
Amaranthus
Fuchsschwanzgewächse (Amaranthaceae)

Frühjahr
frisch oder erhitzt

Herbst
geschrotet, roh oder gekocht

Frühsommer
knospig geerntet, gekocht

Frühsommer
frisch oder erhitzt

Stärkereiche Pflanzen für getreideartige Verwendungen, Salate, Gemüse

Siehe Bild Seite 42

Fuchsschwanzgras-Arten
Alopecurus
Süßgrasgewächse (Poaceae)

Spätsommer
a) geröstet,
b) gekocht und passiert

Frühjahr
gekocht und passiert

Frühjahr
innere weißliche Triebabschnitte, frisch oder erhitzt

Stärkereiche Graspflanzen für Mehl, Gemüsebeigabe, Röstkaffee, Getränke

Gamander, Salbei-
Teucrium scorodonia
Lippenblütlergewächse (Lamiaceae)

April–Juli
frisch oder getrocknet

Edelbitter-aromatische Pflanze als Aroma

Gänseblümchen
Bellis perennis
Korbblütlergewächse (Asteraceae)

März–Juni
fein geschnitten, frisch oder erhitzt

März–Juni
Presssaft als Getränkebeigabe

März–Juni
frisch oder eingelegt

Bekannte, nussig z.T. auch stumpf-rau schmeckende Pflanze für Gemüse, Salate, Eingelegtes

Gänsedistel-Arten *Sonchus* Korbblütlergewächse (Asteraceae) (!) Siehe Bild Seite 45	April–Juli Stacheln abgeschnitten, blanchiert oder erhitzt September–März fein geschnitten und erhitzt oder geröstet als Kaffee	Mai knospig geerntet, erhitzt oder eingelegt April–Juni blanchiert oder erhitzt	Leicht bittere, z.T. nach Kopfsalat schmeckende Pflanzen für Eingelegtes, Salate, Gemüse, Kaffee
Gänsefuß-Arten *Chenopodium* Fuchsschwanzgewächse (Amaranthaceae) (!) Siehe Bild Seite 45	Frühjahr fein geschnitten, frisch, eingesäuert oder erhitzt August–September a) getrocknet und vermahlen als Mehl,	b) gekocht als Brei (Kochwasser gewechselt) Frühsommer knospig geerntet, gekocht Frühsommer frisch oder erhitzt	Spinatartig, nussig-herbe Pflanzen für Gemüse, Mehlbeimischungen, Getreidebrei, Sauerkraut
Gänsekresse-Arten *Arabis* Kreuzblütlergewächse (Brassicaceae) (!) Siehe Bild Seite 46	März–Mai fein geschnitten, frisch oder erhitzt Frühsommer frisch oder eingelegt		Pflanze mit Kressearoma für Salate, Gemüse
Gauchheil, Acker- *Anagallis arvensis* Primelgewächse (Primulaceae) (X)	April–Juni mehrfach ausgekocht		Selten genutzte, seifig-bittere Pflanze als Beigabe für Gemüse; hoher Saponingehalt gilt unverarbeitet als giftig
Gauklerblume, Gelbe *Mimulus guttatus* Gauklerblumengewächse (Phrymaceae) Siehe Bild Seite 46	März–April frisch, erhitzt oder zu salziger Würzasche verbrannt		Herbwürzige Pflanze für Feinschnittkräutermischungen und Gewürze
Geißbart *Aruncus dioicus* Rosengewächse (Rosaceae) Siehe Bild Seite 46	April–Mai mehrmals in Essiglösung gekocht		Bittere Pflanze für Gemüse

Gänsedistel, Kohl- *Sonchus oleraceus*
Wir finden sie häufig auf Ruderal- und Ackerwildkrautfluren. Ihre mattgrünen, jungen Blätter, die noch keine festen Stacheln entwickelt haben, eignen sich fein gehackt mit Basilikum für Pestospezialitäten. (Siehe Seite 44)

Gänsedistel, Raue *Sonchus asper*
Sie steht gerne auf nährstoffreichen Lehm- und Tonböden. Zieht man an ihrem Haupttrieb die Blätter ab, schneidet ihn etwas klein, spült die Stücke in Wasser und dünstet sie mit Salz und Gewürzen in der Pfanne, so erhält man ein delikates Distelgemüse. (Siehe Seite 44)

Gänsefuß, Bastard- *Chenopodium hybridum*
Er wächst auf Schuttplätzen und an Wegrändern. Große, weiche Blätter ergeben in Streifen geschnitten einen ausgezeichneten Wildspinat. (Siehe Seite 44)

Gänsefuß, Weißer *Chenopodium album*
Er steht verbreitet in Ruderalgesellschaften. Seine stärkereichen Samen werden insbesondere in Indien gerne vermahlen und als Spezialität zu Teigfladen gebacken. (Siehe Seite 44)

Gänsekresse, Alpen- *Arabis alpina*
Sie wächst meistens auf lockeren Steinen oder Geröllflächen. Ihre üppigen weißen Blüten eignen sich sehr gut als würzige Dekorationsstreu. z.B. über Kraut- und Rübensalate. (Siehe Seite 44)

Gauklerblume, Gelbe *Mimulus guttatus*
Sie steht gerne am Rande von Quellbächen. Ihre getrockneten Blätter und Stiele auf der Holzofenplatte verbrannt, ergeben eine salzig-würzige Asche, die früher zum Würzen von Kartoffeln verwendet wurde. (Siehe Seite 44)

Geißbart *Aruncus dioicus*
Er wächst meist in Ahorn-Buchen-Mischwäldern. Seine ganz jungen Triebe wurden früher als kandierte Nascherei verwendet. Dazu wurden sie geschält, in Würfel geschnitten und in Zuckerwasser gekocht, bis es karamellisierte. (Siehe Seite 44)

Gemskresse, Alpen- *Pritzelago alpina*
Sie befestigt oberflächig Steinschutt- und Geröllfluren. Ihre weichen, knospigen Triebspitzen sind feingehackt eine Delikatesse in jungen Berg-Frischkäse gerührt. (Siehe Seite 47)

Geißblatt-Arten *Lonicera* Geißblattgewächse (Caprifoliaceae)	Frühsommer–Sommer kandiert oder eingelegt		Blumig-süßlich aromatische Blüten als Aroma; Beeren sind unbekömmlich bis giftig
Geißraute *Galega officinalis* Schmetterlingsblütler-gewächse (Fabaceae)	April–Juli in kleinen Mengen, frisch oder erhitzt		Pflanze mit Erbsen-aroma als Beigabe zu Salaten, Gemüsen; Unverträglichkeiten bei Weidetieren beobachtet und für Menschen vermutet
Gelbdolde *Smyrnium perfoliatum* Doldengewächse (Apiaceae)	April–Juni frisch oder erhitzt September–März fein geschnitten und erhitzt	Mai–Juli knospig und erblüht, frisch oder erhitzt	Leicht bittere Pflanze z.T. mit Myrrhearoma für Gemüse, Salate
Gelbstern, Gemeiner *Gagea lutea* Liliengewächse (Liliaceae) Siehe Bild Seite 49	April frisch oder erhitzt September–März frisch als Gewürz oder gekocht		Milde, leicht nach Zwiebel schmeckende Pflanze für Gemüse, Feinschnittkräuter-mischungen
Gemskresse, Alpen- *Pritzelago alpina* Kreuzblütlergewächse (Brassicaceae) Siehe Bild Seite 46	April–Mai frisch oder erhitzt Frühsommer frisch oder eingelegt		Pflanze mit Kresse-aroma als Beigabe für Salate, Gemüse, Gewürze
Gemswurz-Arten *Doronicum* Korbblütlergewächse (Asteraceae)	April–August getrocknet		Selten genutzte Pflanze für Tabak-beimischungen

Gersten-Arten *Hordeum* Süßgrasgewächse (Poaceae) (!)	Spätsommer geröstet als Kaffee oder gekocht und passiert als Suppe/Getränk Frühjahr geröstet als Kaffee, vermahlen als Mehl,	gekocht und passiert als Suppe/Getränk Frühjahr innere weißliche Triebabschnitte, frisch oder erhitzt	Stärkereiche, süßliche Graspflanzen für Gemüsebeigabe, Getränke, Kaffee
Giersch *Aegopodium podagraria* Doldengewächse (Apiaceae) Siehe Bild Seite 49	März–Juni frisch, erhitzt oder eingelegt August–Oktober frisch oder getrocknet Juni–August frisch oder eingelegt	Mai–Juli frisch, erhitzt oder eingelegt Mai–Juli von groben Fasern befreit, frisch oder erhitzt	Pflanze mit Petersilienaroma für Gemüse, Salate, Gewürze, Eingelegtes
Gilbweiderich, Gemeiner *Lysimachia vulgaris* Primelgewächse (Primulaceae) Siehe Bild Seite 49	April–Mai frisch oder erhitzt April–Juni Presssaft als Getränkebeigabe	Juni–August frisch oder erhitzt	Säuerliche Pflanze für Gemüse, Salate
Gilbweiderich, Hain- *Lysimachia nemorum* Primelgewächse (Primulaceae)	April–August frisch oder erhitzt Mai–August frisch oder erhitzt		Säuerliche Pflanze für Gemüse, Salate
Glanzgras-Arten *Phalaris* Süßgrasgewächse (Poaceae)	Spätsommer geröstet als Kaffee oder gekocht und passiert als Suppe/Getränk Frühjahr geröstet als Kaffee, vermahlen als Mehl,	gekocht und passiert als Suppe/Getränk Frühjahr innere weißliche Triebabschnitte, frisch oder erhitzt	Stärkereiche, süßliche Graspflanzen für Gemüsebeigabe, Getränke, Kaffee
Glaskraut, Aufrechtes *Parietaria officinalis* Brennnesselgewächse (Urticaceae) !	April–Juni fein geschnitten, frisch oder erhitzt		Pflanze mit herbnussigem Aroma für Gemüse, Salate

Gelbstern, Gemeiner *Gagea lutea*
Man findet ihn meistens in Laubwäldern der Auen. Die länglich-schmalen Blätter wurden früher fein geschnitten vor dem Servieren über Suppen gestreut als attraktives Suppengrün genutzt. (Siehe Seite 47)

Giersch *Aegopodium podagraria*
Er wächst im Halbschatten an nahezu jeder Hecke oder jedem Gehölzsaum. Eine bekannte Delikatesse als Salatgrundlage zusammen mit Möhren oder Radieschen sind seine zarten, noch gefalteten, jungen Blattaustriebe aus dem Erdboden im April. (Siehe Seite 48)

Gilbweiderich, Gemeiner *Lysimachia vulgaris*
Er liebt den Standort der Feuchtwiesen. Werden seine Triebe mit einer Saftpresse entsaftet, erhält man einen erfrischend, sauer-fruchtigen Saft, der sich gut als Dressing für Obstsalate mit Rosinen eignet. (Siehe Seite 48)

Glaskraut, Mauer- *Parietaria judaica*
Es wächst gerne auf warmen Mauern. Die weichen, jungen Triebe kann man gut mit Salbei zu Kräuterrahmsaucen auf Bandnudeln geben. (Siehe Seite 51)

Glockenblume, Acker- *Campanula rapunculoides*
Sie wächst gern in sonnigen Staudensäumen an Gehölzen. Dessert-Spezialität: Frische Acker-Glockenblumen gefüllt mit kaltem Zitronenquark. (Siehe Seite 51)

Glockenblume, Wiesen- *Campanula patula*
Sie ist eine typische Pflanze der Grünlandgesellschaften. Die ganz jungen Triebe werden zusammen mit den ansitzenden, zarten Blättern wie grüner Spargel als feine Vorspeise bereitet. (Siehe Seite 51)

Goldnessel *Lamium galeobdolon*
In Laubwäldern und Gebüschen hat sie ihren Lebensraum. Ein indisches Joghurt-Lassi mit frisch entsafteter Goldnessel und Honig ist ein Vitalgetränk-Genuss. (Siehe Seite 52)

Goldrute, Kanadische *Solidago canadensis*
Sie steht kolonienhaft in nährstoffreichen Hochstaudengesellschaften. Die oberen 20 cm ihrer geschälten Stängel sind vor der Blütezeit eine feine Gemüsedelikatesse, leicht gesalzen und in Öl kurz gebraten. (Siehe Seite 52)

Pflanze	Ernte/Verwendung	Ernte/Verwendung	Beschreibung
Glaskraut, Mauer- *Parietaria judaica* Brennnesselgewächse (Urticaceae) Siehe Bild Seite 49	April–Juni fein geschnitten, frisch oder erhitzt Juli–Oktober frisch oder erhitzt	Mai–Oktober frisch oder erhitzt	Pflanze mit herb-nussigem Aroma für Gemüse, Salate
Glatthafer-Arten *Arrhenatherum* Süßgrasgewächse (Poaceae)	Spätsommer geröstet als Kaffee oder gekocht und passiert als Suppe/Getränk Frühjahr geröstet als Kaffee, vermahlen als Mehl,	gekocht und passiert als Suppe/Getränk Frühjahr innere weißliche Triebabschnitte, frisch oder erhitzt	Stärkereiche, süßliche Graspflanzen für Gemüsebeigabe, Getränke, Kaffee
Glockenblumen-Arten *Campanula* Glockenblumengewächse (Campanulaceae) (!) Siehe Bild Seite 50	Frühjahr frisch oder erhitzt Frühjahr oder Herbst erhitzt als Gemüse oder vermahlen als Mehl	Sommer–Spätsommer farbiger Speisendekor, frisch	Nussig-süßlich schmeckende Pflanzen für Gemüse, Salate
Glockenheide-Arten *Erica* Heidekrautgewächse (Ericaceae) (!)	April–September frisch oder erhitzt/überbrüht Sommer–Herbst frisch oder erhitzt/überbrüht		Kleines Nadelgehölz als Aroma für Tee, Spirituosen
Goldhafer-Arten *Trisetum* Süßgrasgewächse (Poaceae) (!)	Spätsommer geröstet als Kaffee oder gekocht und passiert als Suppe/Getränk Frühjahr geröstet als Kaffee, vermahlen als Mehl,	gekocht und passiert als Suppe/Getränk Frühjahr innere weißliche Triebabschnitte, frisch oder erhitzt	Stärkereiche, süßliche Graspflanzen für Gemüsebeigabe, Getränke, Kaffee
Goldmelisse *Monarda didyma* Lippenblütlergewächse (Lamiaceae)	April–Juni frisch oder erhitzt Juli–September dekoratives Speisenaroma, frisch oder eingelegt		Hier verwilderte Pflanze mit Minze-Thymianaroma für Gewürze, Tee

Goldnessel-Arten
Lamium
Lippenblütlergewächse
(Lamiaceae)

April–Juni
frisch oder erhitzt/überbrüht

April–September
Wurzelknoten der Ausläufer frisch oder erhitzt

März–Juni
Presssaft als Getränkebeigabe

Frühjahr–Herbst
frisch ausgezupft

Pflanzen mit Steinpilzaroma für Gemüse, Tee, Salate

Siehe Bild Seite 50

Goldrute-Arten
Solidago
Korbblütlergewächse
(Asteraceae)

April–Juli
überbrüht

Juli–Oktober
überbrüht

April–Juni
frisch oder erhitzt

Pflanzen mit leichtem Spargelaroma (Blätter leicht bitter) für Tee, Salate, Gemüse

Siehe Bild Seite 50

Grasnelke, Gemeine
Armeria maritima
Grasnelkengewächse
(Plumbaginaceae)

!

März–Juli
erhitzt

April–Oktober
frisch oder kandiert

Milde Pflanze mit dekorativen Blüten als Beigabe zu diversen Speisen

Graukresse-Arten
Berteroa
Kreuzblütlergewächse
(Brassicaceae)

(!)

April–Mai
fein geschnitten, frisch oder erhitzt

Mai–Juli
frisch oder eingelegt

Pflanzen mit Kressearoma für Gewürze

Grausenf
Hirschfeldia incana
Kreuzblütlergewächse
(Brassicaceae)

(!)

April–Mai
frisch oder erhitzt

August–September
vermaischt oder vermahlen als Senf

April–Mai
knospig und erblüht, frisch oder erhitzt

Pflanze mit Kohl-Raps-Aroma für Salate, Gemüse, Senf

Gundermann
Glechoma hederacea
Lippenblütlergewächse
(Lamiaceae)

März–Mai
fein geschnitten, frisch oder erhitzt

April–Juni
frisch als farbige Speisenbeigabe

Verbreitete Pflanze mit Thymian-Minze-Aroma für Gewürze, Getränke, Süßspeisen

Siehe Bild Seite 53

Gundermann *Glechoma hederacea*
Unter nahezu jedem Wiesenbaum auf frischem, humosem Untergrund findet man ihn. Eine süße, leckere Knusperei sind seine angefeuchteten Blätter mit Kakao und Puderzucker bestäubt und im Backofen langsam getrocknet. (Siehe Seite 52)

Günsel, Kriechender *Ajuga reptans*
Er findet sich meistens am Rande von Laubwäldern oder in Grünlandwiesen. Seine üppigen violett-blauen Blüten eignen sich gut als feinherbe Dekospezialität über scharfgeröstete Bratkartoffeln mit Zwiebeln. (Siehe Seite 54)

Haarstrang, Sumpf- *Peucedanum palustre*
Er ist zuhause in den typischen Großseggensümpfen. Seine getrockneten und geriebenen Wurzeln wurden früher als Gewürz für herbstliche, wärmende Kürbissuppen genutzt. (Siehe Seite 54)

Habichtskraut, Langhaariges *Hieracium pilosella*
Auf kalkarmen Trockenrasen fühlt es sich am wohlsten. Seine Blätter wurden früher mit einem flüssigen, leicht salzigen Teig benetzt und in Öl ausgebacken. (Siehe Seite 54)

Günsel, Genfer *Ajuga genevensis* Lippenblütlergewächse (Lamiaceae)	März–Mai frisch oder erhitzt April–Mai frisch oder erhitzt		Herb-aromatische Pflanze als Beigabe für Salate, Gemüse
Günsel, Kriechender *Ajuga reptans* Lippenblütlergewächse (Lamiaceae) Siehe Bild Seite 53	März–Mai frisch oder erhitzt März–Juli frisch oder erhitzt		Herb-aromatische Pflanze als Beigabe für Salate, Gemüse, Käse
Haarstrang, Sumpf- *Peucedanum palustre* Doldengewächse (Apiaceae) Siehe Bild Seite 53	September–März getrocknet und eingelegt		Fruchtig-scharfe Wurzel für Gewürze
Habichtskraut-Arten *Hieracium* Korbblütlergewächse (Asteraceae) (!) Siehe Bild Seite 53	Frühjahr frisch oder erhitzt Sommer–Herbst frisch ausgezupft oder fein geschnitten		Herbe, z.T. behaarte Pflanzen als Beigabe zu Gemüse, Salaten
Hafer-Arten *Avena* Süßgrasgewächse (Poaceae) (!)	Spätsommer geröstet als Kaffee oder gekocht und passiert als Suppe/Getränk Frühjahr geröstet als Kaffee, vermahlen als Mehl,	gekocht und passiert als Suppe/Getränk Frühjahr innere weißliche Triebabschnitte, frisch oder erhitzt	Stärkereiche, süßliche Graspflanzen für Gemüsebeigabe, Getränke, Kaffee
Haferwurzel *Tragopogon porrifolius* Korbblütlergewächse (Asteraceae)	April–Mai frisch oder erhitzt April–Mai frisch oder erhitzt	April–Juli a) knospige Blüten mit Stängel frisch oder erhitzt, b) Blütenblätter frisch	Pflanze mit mildem bis spargelähnlichem Aroma für Salate, Gemüse, Speisendekor

Pflanze			Verwendung
Hahnenfuß, Flutender *Ranunculus fluitans* Hahnenfußgewächse (Ranunculaceae) Siehe Bild Seite 56	April–Juni in kleinen Mengen fein geschnitten, frisch oder erhitzt		Scharfe Pflanze für Gewürze, Gemüsebeigabe
Hahnenfuß, Kriechender *Ranunculus repens* Hahnenfußgewächse (Ranunculaceae)	April–Mai getrocknet, gerebelt oder erhitzt		Scharfe Pflanze für Gewürze; unverarbeitetes, frisches Kraut kann unverträglich wirken
Hahnenfuß, Scharfer *Ranunculus acris* Hahnenfußgewächse (Ranunculaceae)	April–Juli getrocknet, gerebelt		Scharfe Pflanze für Gewürze; unverarbeitetes, frisches Kraut kann unverträglich wirken
Hahnenfuß, Wasser- *Ranunculus aquatilis* Hahnenfußgewächse (Ranunculaceae)	April–Juni in kleinen Mengen fein geschnitten, frisch oder erhitzt		Scharfe Pflanze für Gewürze, Gemüsebeigabe
Hainbuche *Carpinus betulus* Birkengewächse (Betulaceae) Siehe Bild Seite 56	April frisch oder erhitzt Mai–September a) unreif geerntet, erhitzt und eingelegt, b) reif, gepresst als Öl		Bitter-herbe Pflanze als Beigabe für Gemüse, Öl, Eingelegtes
Hainsalat, Stinkender *Aposeris foetida* Korbblütlergewächse (Asteraceae) Siehe Bild Seite 56	März–Mai fein geschnitten, in Wasser gespült zum Entbittern, frisch oder erhitzt	September–März geröstet als Kaffee oder gekocht	Bitter-herbe, nach Bratkartoffeln riechende Pflanze als Beigabe für Gemüse, Röstkaffee

Hahnenfuß, Flutender *Ranunculus fluitans*
Er steht als Wasserpflanze in fließenden Gewässern. Seine frischen Blätter wurden früher in kleinen Mengen als scharfes Gewürz verwendet. (Siehe Seite 55)

Hainbuche *Carpinus betulus*
Ein typischer Kletterbaum an Spielplätzen, wächst gerne in Laubmischwäldern. Die geschälten Samen sind weichgekocht und über drei Monate salzig eingelegt eine aromatische Zutat in knusprigen Teigfladen. (Siehe Seite 55)

Hainsalat, Stinkender *Aposeris foetida*
Oft sieht man ihn in Ahorn- oder Lindenmischwäldern an lichten Stellen. Seine Wurzeln wurden früher angeblich gerne als geschätztes Röstgetränkepulver vermahlen. Zuvor reinigte man sie und röstete sie im Backofen dunkelbraun. (Siehe Seite 55)

Hartriegel, Roter *Cornus sanguinea*
Eine sehr verbreitete Pflanze der Waldmäntel und Gebüsche. Seine bitteren Früchte ergeben entkernt und gekocht in geringen Mengen eine gute Beigabe zu Orangenmarmeladen. (Siehe Seite 57, Unverträglichkeit/Giftigkeit beachten)

Hainsimse-Arten *Luzula* Binsengewächse (Juncaceae) (!)	Spätsommer geröstet als Kaffee oder gekocht und passiert als Suppe/Getränk Frühjahr geröstet als Kaffee, vermahlen als Mehl,	gekocht und passiert als Suppe/Getränk Frühjahr innere weißliche Triebabschnitte, frisch oder erhitzt	Stärkereiche, süßliche Graspflanzen für Gemüsebeigabe, Getränke, Kaffee
Hanf *Cannabis sativa* Hanfgewächse (Cannabaceae) (X)	April–Juni frisch oder erhitzt August–September erhitzt oder gepresst als Öl		Milde Pflanze für Gemüse, Backwerk, Öl; die Unterart ›indica‹ wirkt halluzinogen
Hartriegel, Roter *Cornus sanguinea* Hartriegelgewächse (Cornaceae) (X) Siehe Bild Seite 56	Juli–Oktober geröstet als Kaffee Juli–Oktober ohne Kerne erhitzt und gepresst		Sehr bittere Wildfruchtpflanze als Beigabe zu Süßspeisen, Getränke, Öl; Pflanze gilt unverarbeitet als ungenießbar
Haselnuss *Corylus avellana* Birkengewächse (Betulaceae) Siehe Bild Seite 59	März–April a) fein geschnitten und erhitzt zu Spinat, b) getrocknet zu Tabak September frisch, geröstet oder gepresst	Dezember–März vermahlen	Hochwertige, aromatische Wildnusspflanze für Öl, Gebäck, Spinatbeigabe, Mehlbeimischungen, Rauchtabak
Hasenohr, Sichel- *Bupleurum falcatum* Doldengewächse (Apiaceae)	April–Mai fein geschnitten, frisch oder erhitzt Juli–September farbiger Speisendekor, frisch oder eingelegt		Aromatische Pflanze für Gewürze, Gemüse, Salatbeigabe
Hauhechel, Dorniger *Ononis spinosa* Schmetterlingsblütlergewächse (Fabaceae) Siehe Bild Seite 59	April–Juli frisch, eingesalzen oder erhitzt September–März eingelegt als Aroma	Juni–September farbiger Speisendekor, frisch oder eingelegt	Scharf-würzige Pflanzen für Gemüse, Spirituosen, Salatbeigaben

Hauswurz, Echte *Sempervivum tectorum* Dickblattgewächse (Crassulaceae) (!)	April–Juni fein geschnitten, frisch oder erhitzt		Saftige, meist milde Pflanze als Beigabe zu Gemüse, Salaten
Heckenkirschen-Arten *Lonicera* Geißblattgewächse (Caprifoliaceae) X (!)	Frühsommer–Sommer kandiert oder eingelegt		Blumig-süßliche Blüten als Aroma; Beeren sind unbe- kömmlich bis giftig
Heide-Arten *Erica* Heidekrautgewächse (Ericaceae) (!)	April–September frisch oder erhitzt/ überbrüht Sommer–Herbst frisch oder erhitzt/ überbrüht		Kleines Nadelgehölz als Aroma für Tee, Spirituosen
Heidelbeere, Wilde *Vaccinium myrtillus* Heidekrautgewächse (Ericaceae) X Siehe Bild Seite 59	April–Mai überbrüht Juli–August frisch, erhitzt/überbrüht oder getrocknet als Tee	Mai in kleinen Mengen, überbrüht	Bekannt aromatische Wildfrucht für Frucht- speisen, Getränke, Tee; Langzeitgebrauch der Blätter kann unverträglich wirken
Heilwurz *Seseli libanotis* Doldengewächse (Apiaceae) Siehe Bild Seite 59	April–Juli fein geschnitten, frisch oder erhitzt		Pflanze mit Fenchel- aroma für Gemüse, Gewürze
Himbeeren-Arten *Rubus* Rosengewächse (Rosaceae) (!) Siehe Bild Seite 60	März–April fein geschnitten frisch, getrocknet oder erhitzt Sommer frisch als Aroma und Speisendekor	Herbst frisch, erhitzt, vergoren oder eingelegt Frühjahr frisch oder erhitzt	Säuerlich- bis süß- aromatische Wild- früchte für Tee, Fruchtspeisen, Spirituosen; nussig- aromatische Blätter für Gemüse, Tee

Haselnuss *Corylus avellana*
Verbreiteter Strauch in Laubwäldern und Gebüschen. Neben vielen Verwendungsformen, die der Strauch bietet, ist eine wertvolle Spezialität das gepresste Speiseöl aus seinen Früchten. (Siehe Seite 57)

Hauhechel, Dorniger *Ononis spinosa*
Er wächst gerne auf Kalk-Magerrasen. Seine feingewiegten Blätter sind eine delikate Beigabe zu würzigen Salatsaucen oder Kräutersalzen. (Siehe Seite 57)

Heidelbeere, Wilde *Vaccinium myrtillus*
Flächig anzutreffen in sauren Eichenmischwäldern mit Nadelbäumen und Zwergstrauchheiden. Beliebte Sommerspeise ist ein mit Rahm gerührter und gesüßter Quark zusammen mit einer Menge frischer Heidelbeeren. (Siehe Seite 58)

Heilwurz *Seseli libanotis*
Sie steht gerne auf lockeren Felsrasen und Sanden. Der in der Mitte der Pflanzenrosette treibende Blütenstiel bildet zunächst eine zarte, sehr aromatische Knolle. Sie wurden früher als Spezialität in Reisgemüsegerichten verwendet. (Siehe Seite 58)

Himbeere, Echte *Rubus idaeus*
Sie gehört zu den typischen Waldlichtungsgebüschen. Ihre getrockneten Blätter sind Grundlage für viele Feinschmecker-Teemischungen. (Siehe Seite 58)

Hirtentäschelkraut, Gemeines *Capsella bursa-pastoris*
Es steht meistens an Wegrändern und Ruderalfluren. Schon früher wurden die jungen, herzförmigen Samentäschel als spezielles Gewürz zu sauer Eingelegtem verwendet. (Siehe Seite 61)

Hohlzahn, Bunter *Galeopsis speciosa*
Er wächst auf nährstoffreichen Ackerwildkrautfluren. Seine schönen zweifarbigen Blüten werden trocken gereinigt und als Delikatesse auch fürs Auge über Feld- und Pflücksalate gegeben. (Siehe Seite 61)

Hohlzahn, Gemeiner *Galeopsis tetrahit*
Er bevorzugt als Standort häufig gestörte Flächen. Pflückt man seine Blätter wenn sie noch weich und zart sind, so hat man mit ihnen eine feine Spinatgrundlage, die sich hervorragend mit Taubnesselblättern kombinieren lassen. (Siehe Seite 61)

Hirse-Arten *Panicum* Süßgrasgewächse (Poaceae)	Spätsommer geröstet als Kaffee oder gekocht und passiert als Suppe/Getränk Frühjahr geröstet als Kaffee, vermahlen als Mehl, gekocht und passiert als Suppe/Getränk	Frühjahr innere weißliche Triebabschnitte, frisch oder erhitzt	Stärkereiche, süßliche Graspflanzen für Gemüsebeigabe, Getränke, Kaffee
Hirtentäschelkraut-Arten *Capsella* Kreuzblütlergewächse (Brassicaceae) Siehe Bild Seite 60	Frühjahr frisch, erhitzt, getrocknet und überbrüht Juni–September gepresst als Öl April–September frisch oder getrocknet	Mai–September frisch oder eingelegt März–September frisch oder eingelegt	Pflanzen mit Rucolaaroma für Salate, Gemüse, Senf, Tee, Gewürze
Hohlsame, Strahlen- *Bifora radians* Doldengewächse (Apiaceae) (!)	März–Mai fein geschnitten, frisch oder erhitzt August–September getrocknet und vermahlen	April–August vermahlen Sommer–Herbst frisch und erhitzt	Pflanze mit Korianderaroma für Gewürze, Salatbeigabe
Hohlzahn-Arten *Galeopsis* Lippenblütlergewächse (Lamiaceae) (!) Siehe Bild Seite 60	April–Juli frisch oder erhitzt September–Oktober gepresst als Öl		Milde, z.T. leicht behaarte Pflanzen für Gemüse, Feinschnittkräutermischungen, Öl
Holunder, Schwarzer *Sambucus nigra* Moschuskrautgewächse (Adoxaceae) X Siehe Bild Seite 63	Juli–September a) unreif erhitzt und eingelegt, b) reif erhitzt oder heiß entsaftet	Mai–Juni a) knospig erhitzt und eingelegt, b) erblüht frisch, erhitzt oder eingelegt	Süß-aromatischer Wildfruchtstrauch für Fruchtspeisen, Aroma; wirkt unverarbeitet oft unbekömmlich
Holunder, Trauben- *Sambucus racemosa* Moschuskrautgewächse (Adoxaceae) X	August–September nur reif geerntet, ausgekocht (absetzendes Öl entfernen)		Mild-aromatischer Wildfruchtstrauch für Fruchtspeisen; wirkt unverarbeitet unbekömmlich

Honiggras-Arten *Holcus* Süßgrasgewächse (Poaceae)	Spätsommer geröstet als Kaffee oder gekocht und passiert als Suppe/Getränk Frühjahr geröstet als Kaffee, vermahlen als Mehl,	gekocht und passiert als Suppe/Getränk Frühjahr innere weißliche Triebabschnitte, frisch oder erhitzt	Stärkereiche, süßliche Graspflanzen für Gemüsebeigabe, Getränke, Kaffee
Hopfen *Humulus lupulus* Hanfgewächse (Cannabaceae) Siehe Bild Seite 63	April–Juni fein geschnitten, frisch oder erhitzt September–März fein geschnitten, erhitzt, seltener roh	Juli–August weibliche Blüten als Aroma eingelegt oder überbrüht April–Juli frisch oder erhitzt	Mildes Wildgemüse mit herb-aromatischen Blüten für Gemüse, Bittergetränke, Tabak
Hopfenklee-Arten *Medicago* Schmetterlingsblütlergewächse (Fabaceae)	März–Mai frisch oder erhitzt Herbst frisch oder als Keimsaat	Frühjahr–Sommer frisch, erhitzt oder getrocknet und vermahlen	Pflanzen mit Bohnenaroma, z.T. leicht bitter für Salatbeigabe, Gemüse, Mehlbeimischungen; ggf. mehrfach überbrühen zum Entbittern
Hornklee-Arten *Lotus* Schmetterlingsblütlergewächse (Fabaceae) Siehe Bild Seite 63	April frisch oder erhitzt Mai–Juli getrocknet und vermahlen		Leicht bittere mit Bohnen verwandte Pflanzen für Mehlbeimischungen, Salate, Gemüsebeigaben
Hornkraut, Gewöhnliches *Cerastium holosteoides* Nelkengewächse (Caryophyllaceae)	März–Mai fein geschnitten, erhitzt oder eingelegt März–Juni erhitzt oder eingelegt		Herb-aromatische Pflanze als Beigabe für Gemüse, Spirituosen
Hornkraut, Sand- *Cerastium semidecandrum* Nelkengewächse (Caryophyllaceae)	März–Mai fein geschnitten, erhitzt oder eingelegt März–Mai erhitzt oder eingelegt		Herb-aromatische Pflanze als Beigabe für Gewürze, Spirituosen

Holunder, Schwarzer *Sambucus nigra*
Er wächst häufig in Siedlungs- und Waldlichtungsgebüschen. Als bekannte Spezialität gilt das süßliche Aroma seiner Blüten gezogen in heißer Schokolade.
(Siehe Seite 61, Unverträglichkeit/Giftigkeit beachten)

Hopfen *Humulus lupulus*
Wälder mit überwiegend Laubbäumen und Auwälder bieten ihm den richtigen Standort. Eine weit geschätzte Spezialität sind seine wie Grünspargel zubereiteten frischen Triebspitzen. (Siehe Seite 62)

Hornklee, Gemeiner *Lotus corniculatus*
Er besiedelt gerne beweidete Heiden und Rasen. Seine getrockneten und vermahlenen gelben Blüten sind eine willkommene, würzige Zutat in süßem Anisgebäck.
(Siehe Seite 62)

Hufeisenklee, Schopf- *Hippocrepis comosa*
Er steht oft auf Kalk-Magerrasen. Die Blüten und Blütenknospen werden getrocknet und zu einem hellgelben Mehl vermahlen. Es eignet sich dann hervorragend als Mehlbeigabe von dünnen, knusprigen Brotfladen.
(Siehe Seite 65)

Huflattich *Tussilago farfara*
Verbreitete Pflanze auf bewegten häufig gestörten Kiesböden. Seine Blütenstängel im knospigen Zustand waren schon vor vielen Jahrhunderten als gedünstetes Gemüse sehr geschätzt. (Siehe Seite 65, Unverträglichkeit/Giftigkeit beachten)

Hundsrauke, Stumpfkantige *Erucastrum nasturtiifolium*
Sie steht vielfach an Flußkiesen und feuchten Schuttplätzen. Ihre knospigen und geöffneten Blütenstandspitzen sind ein beliebtes Gewürz zum Einlegen von Essiggurken. (Siehe Seite 65)

Igelkolben, Ästiger *Sparganium erectum*
Er kommt gelegentlich in Röhrichtgebieten vor. Das hellgrün-weißliche Zentrum seiner jungen Frühjahrstriebe schmeckt sehr gut in asiatischen Gemüsepfannengerichten. (Siehe Seite 66)

Johannisbeere, Alpen- *Ribes alpinum*
Sie ist vor allem in Laubwäldern verbreitet. Die knackigen noch leicht unreifen jungen Früchte können gut in scharfer Marinade eingelegt werden. (Siehe Seite 66)

Pflanze			
Hufeisenklee, Schopf- *Hippocrepis comosa* Schmetterlingsblütlergewächse (Fabaceae) Siehe Bild Seite 63	März–Mai fein geschnitten, frisch oder erhitzt Mai–Juli getrocknet und vermahlen		Süß-herb-aromatische Pflanze als Beigabe für Salate, Gemüse, Mehl
Huflattich *Tussilago farfara* Korbblütlergewächse (Asteraceae) (X) Siehe Bild Seite 64	Mai–Juni fein geschnitten frisch oder erhitzt/überbrüht März–Juni a) knospige Blüten mit Stängel frisch oder erhitzt,	b) erblühte Köpfe erhitzt/überbrüht oder eingelegt, c) gelbe Blütenblätter frisch	Von alters her geschätzte, mild-aromatische Nahrungspflanze, enthält Alkaloide, die derzeit als ›evtl. krebserregend‹ eingestuft werden
Hühnerhirse *Echinochloa crus-galli* Süßgrasgewächse (Poaceae)	Spätsommer geröstet als Kaffee oder gekocht und passiert als Suppe/Getränk Frühjahr geröstet als Kaffee, vermahlen als Mehl,	gekocht und passiert als Suppe/Getränk Frühjahr innere weißliche Triebabschnitte, frisch oder erhitzt	Stärkereiche, süßliche Graspflanze für Gemüsebeigabe, Getränke, Kaffee
Hundskamille, Färber- *Anthemis tinctoria* Korbblütlergewächse (Asteraceae) (!)	März–Juni fein geschnitten, frisch oder erhitzt Juni–Juli fein geschnitten, frisch oder eingelegt		Feines Würzkraut, gelbfärbende Blüten für Feinschnittkräutermischung, Salate, Speisendekor
Hundsrauke-Arten *Erucastrum* Kreuzblütlergewächse (Brassicaceae) (!) Siehe Bild Seite 64	Frühjahr frisch oder erhitzt Frühsommer frisch oder eingelegt		Pflanzen mit Rucolaaroma für Salate, Gemüse
Hundszunge, Gemeine *Cynoglossum officinale* Raublattgewächse (Boraginaceae) (!)	April–Mai fein geschnitten, frisch oder erhitzt August gepresst		Behaarte Pflanze mit leichtem Gurkenaroma als Beigabe für Salate, ölhaltige Samen

Hungerblümchen-Arten *Erophila* Kreuzblütlergewächse (Brassicaceae) (!)	Sommer Blütenstände mit Knospen und jungen Samen, frisch oder eingelegt		Pflanzen mit Kresse-aroma für Gewürze, Salatbeigaben
Igelkolben-Arten *Sparganium* Igelkolbengewächse (Sparganiaceae) (!) Siehe Bild Seite 64	Frühjahr geröstet als Kaffee, vermahlen als Mehl, gekocht und passiert als Suppe/Getränk	Frühjahr innere weißliche Triebabschnitte, frisch oder erhitzt	Stärkereiche, süßliche Graspflanzen für Gemüsebeigabe, Getränke, Kaffee
Immenblatt *Melittis melissophyllum* Lippenblütlergewächse (Lamiaceae)	April–Mai a) fein geschnitten, frisch oder erhitzt b) eingelegt		Nach Honig duftende, bitteraromatische Pflanze für Salatbeigaben, Spirituosen
Johannisbeeren-Arten *Ribes* Stachelbeergewächse (Grossulariaceae) (!) Siehe Bild Seite 64	April fein geschnitten, frisch und erhitzt Sommer frisch, erhitzt oder getrocknet und überbrüht		Milde bis sehr saure Wildfrüchte für Fruchtspeisen, Tee; Blätter schmecken nach Champignons
Johanniskraut, Echtes *Hypericum perforatum* Johanniskrautgewächse (Hypericaceae) Siehe Bild Seite 67	April–Juni frisch oder erhitzt/überbrüht Juni–Juli farbiger Speisendekor, frisch oder eingelegt		Bitter-herbe Pflanze für Gewürze, Tee
Kälberkropf, Knolliger *Chaerophyllum bulbosum* Doldengewächse (Apiaceae) (X) Siehe Bild Seite 67	September–März frisch gerieben oder erhitzt		Wurzelknolle mit Kerbelaroma für Gemüse; Samen können Kopfschmerzen erzeugen

Johanniskraut, Echtes *Hypericum perforatum*
Sonnige Staudensäume bieten ihm beste Wuchsbedingungen. Seine Blätter wurden früher angetrocknet, zerrieben und wieder angefeuchtet. Anschließend bei Raumtemperatur in dunklen, nicht ganz verschlossenen Gefäßen als feinherbes Gewürz fermentiert. (Siehe Seite 66)

Kälberkropf, Knolliger *Chaerophyllum bulbosum*
Man findet ihn meistens in Staudensäumen an Gehölzen. Die Wurzeln der ganz jungen Pflanzen nutzte man angeblich in Späne geschnitten und in Öl mit etwas Salz gebraten als Gemüsebeilage. (Siehe Seite 66, Unverträglichkeit/Giftigkeit beachten)

Kamille, Echte *Matricaria recutita*
Wir finden sie häufig auf Ruderal- und Getreidewildkrautfluren. Ihr bekanntes Aroma der Blüten verleiht auch Limonaden und Zitronensorbets einen ausgezeichneten Geschmack. (Siehe Seite 69)

Kamille, Strahlenlose *Matricaria discoidea*
Auf häufig betretenen Flächen und Steinfugen kann sie gut leben. Ihre fruchtig-aromatischen Blütentriebspitzen sind fein gehackt eine gute Einlage im Reis spanischer Paella. (Siehe Seite 69)

Kapuzinerkresse, Große *Tropaeolum majus*
In Schuttwildkrautfluren verwildert sie gerne. Ihre Blätter und Blüten ergeben in Streifen geschnitten einen optischen und pikant-feinen Genuss auf belegten Broten. (Siehe Seite 69, Unverträglichkeit/Giftigkeit beachten)

Kastanie, Echte *Castanea sativa*
Sie befindet sich hin und wieder in wärmeliebenden Laubwäldern. Ihre auf der Holzofenplatte gebackenen Maronen waren schon früher ein taschenwärmender Proviant im Winter. (Siehe Seite 69)

Kerbel, Wiesen- *Anthriscus sylvestris*
Er steht ganz charakteristisch auf Kulturwiesen und Weiden. Bevor der Blütenstiel in die Höhe treibt, bildet er eine zarte, sehr aromatische Knolle am Pflanzenboden; sie wird in grobe Stücke geschnitten mit Fenchelsamen und Käse überbacken. (Siehe Seite 70)

Kiefer, Gemeine *Pinus sylvestris*
Sie ist ein weitverbreiteter Baum in Forsten, auf Felsen, Schotter und in Mooren. Ganz junge Triebspitzen eignen sich getrocknet und vermahlen als spezielles Gewürz für Grill-Marinaden. (Siehe Seite 73)

Pflanze	Verwendung		Hinweise
Kamille, Echte *Matricaria recutita* Korbblütlergewächse (Asteraceae) Siehe Bild Seite 67	April–Mai frisch oder erhitzt Mai–Juli knospig und erblüht, frisch, erhitzt/überbrüht oder eingelegt		Bekannte aromatische Pflanze für Salate, Gewürze, Tee
Kamille, Strahlenlose *Matricaria discoidea* Korbblütlergewächse (Asteraceae) Siehe Bild Seite 67	April–Mai frisch oder erhitzt Juni–August frisch, erhitzt/überbrüht oder eingelegt		Pflanze mit Ananasaroma für Tee, Wein, Süßspeisen, Salate
Kammgras-Arten *Cynosurus* Süßgrasgewächse (Poaceae) (!)	Spätsommer geröstet als Kaffee oder gekocht und passiert als Suppe/Getränk Frühjahr geröstet als Kaffee, vermahlen als Mehl,	gekocht und passiert als Suppe/Getränk Frühjahr innere weißliche Triebabschnitte, frisch oder erhitzt	Stärkereiche, süßliche Graspflanzen für Gemüsebeigabe, Getränke, Kaffee
Kammschmiele-Arten *Koeleria* Süßgrasgewächse (Poaceae) (!)	Sommer geröstet als Kaffee oder gekocht und passiert als Suppe/Getränk Frühjahr geröstet als Kaffee, vermahlen als Mehl,	gekocht und passiert als Suppe/Getränk Frühjahr innere weißliche Triebabschnitte, frisch oder erhitzt	Stärkereiche, süßliche Graspflanzen für Gemüsebeigabe, Getränke, Kaffee
Kapuzinerkresse, Große *Tropaeolum majus* Kapuzinerkressengewächse (Tropaeolaceae) (X) Siehe Bild Seite 68	April–September frisch oder erhitzt als Gewürz August–Oktober unreif, noch weich geerntet und eingelegt	Juni–Oktober frisch als Aroma und Speisendekor	Scharfe Pflanze für Gewürze, Gemüsebeigabe, Salatbeigabe; scharfes Öl kann überdosiert unbekömmlich wirken
Kastanie, Echte *Castanea sativa* Buchengewächse (Fagaceae) Siehe Bild Seite 68	August–September geröstet, gekocht oder vermahlen		Stärkereiche, süßliche Baumfrüchte für Gemüse, Süßspeisen, Mehl, Kaffee

Pflanze	Verwendung der Pflanzenteile		Charakteristik
Katzenminze-Arten *Nepeta* Lippenblütlergewächse (Lamiaceae) (!)	Frühjahr–Sommer frisch oder erhitzt/überbrüht Sommer–Spätsommer frisch ausgezupft		Pflanze mit leichtem Minzaroma für Gewürze, Tee, Salatbeigabe
Kerbel, Garten- *Anthriscus cerefolium* Doldengewächse (Apiaceae) (!)	März–April frisch, erhitzt oder eingelegt Juli–August frisch oder getrocknet Mai–August frisch oder eingelegt	Mai–Juni frisch, erhitzt oder eingelegt Mai–Juni von groben Fasern befreit, frisch oder erhitzt	Bekannt würzige Pflanze für Gemüse, Salate, Gewürze, Eingelegtes
Kerbel, Glänzender *Anthriscus nitida* Doldengewächse (Apiaceae)	April–Mai frisch oder erhitzt Juni–August frisch oder eingelegt		Wenig aromatische Pflanze als Beigabe für Gemüse, Salate
Kerbel, Hunds- *Anthriscus caucalis* Doldengewächse (Apiaceae) (!)	April–Mai frisch oder erhitzt Juli–August frisch oder getrocknet Mai–Juni frisch oder eingelegt	April–Mai frisch oder erhitzt April–Juni von groben Fasern befreit, frisch oder erhitzt	Herbwürzige Pflanze für Gemüse, Salate, Gewürze
Kerbel, Wiesen- *Anthriscus sylvestris* Doldengewächse (Apiaceae) (!)	März–April frisch, erhitzt oder eingelegt Juli–August frisch oder getrocknet September–März frisch als Gewürz oder gekocht Mai–August frisch oder eingelegt	Mai–Juni frisch oder erhitzt Mai–Juni von groben Fasern befreit, frisch oder erhitzt	Feinwürzige Pflanze für Gemüse, Salate, Gewürze, Eingelegtes

Siehe Bild Seite 68

Kiefer, Schwarz- *Pinus nigra*
Sie bildet Bestände in sogenannten Kalk-Kiefernwäldern. Ihre langen Nadeln empfehlen sich längs in Rouladen gelegt und als Aroma mitgebraten. Vor dem Servieren zieht man sie wieder heraus. (Siehe Seite 73)

Kirsche, Trauben- *Prunus padus*
Sie steht gerne im Unterwuchs von Edellaub-Auenwäldern. Der Saft ihrer süßen Früchte wurde früher vergoren und anschließend in einen hochwertigen Essig umgewandelt. (Siehe Seite 73)

Kirsche, Vogel- *Prunus avium*
Ein beliebter Baum am Rande von Laubwäldern und Gebüschen. Die Kirschen werden gekocht und durch ein grobes Sieb passiert, um die Kerne herauszulösen. Das restliche Mus ergibt gesüßt eine erfrischende Tortenfüllung. (Siehe Seite 73, Unverträglichkeit/Giftigkeit beachten)

Klee, Kriechender *Trifolium repens*
Bekannte Pflanze der Liegewiesen und Rasenflächen. Seine weißen Blütenköpfe wurden früher zum Aromatisieren von Weißwein verwendet. (Siehe Seite 73)

Klee, Wiesen- *Trifolium pratense*
Er steht meistens auf typischen Grünlandflächen. Seine Blütenköpfe werden gewaschen, mit etwas Salz und Mehl gestampft und auf einem Blech im Ofen zu einem geschmackvollen Knäckebrot gebacken. (Siehe Seite 73)

Klette, Große *Arctium lappa*
Sie befindet sich häufig auf nährstoffreichen Wiesen. Sie wird in Asien als Wurzelgemüsespezialität angebaut. Die junge Wurzel der Pflanze im ersten Jahr, in feine Scheiben geschnitten, ist eine herzhafte Spezialität mit etwas Salz auf nussigem Butterbrot. (Siehe Seite 73)

Klette, Kleine *Arctium minus*
Sie steht auf nährstoffreichen Fluren und an Wegrändern. Die Blattstängel werden stark abgebürstet und grobe Fasern der Länge nach herausgezogen. In einem Gemüsefond gegart ergeben sie zusammen mit Zwiebeln und Sahne ein besonders gutes Rahmgemüse. (Siehe Seite 73)

Knoblauchhederich *Alliaria petiolata*
Dies ist eine bekannte Pflanze der lichten Waldwege und Waldsäume. Eine Spezialität ist ihre lange Pfahlwurzel der noch nicht in Blüte gehenden einjährigen, jungen Pflanzen im Herbst. In Sauerrahm gerieben, ergibt sie eine pikante Würzpaste. (Siehe Seite 74)

Kermesbeere, Asiatische *Phytolacca esculenta* Kermesbeerengewächse (Phytolaccaceae)	April–Juni erhitzt September frisch, erhitzt oder eingelegt		Säuerlich-aromatische Pflanze für Gemüse, Aroma
Kiefern-Arten *Pinus* Kieferngewächse (Pinaceae) Siehe Bild Seite 68, 71	Frühjahr bzw. Sommer a) junge Triebe erhitzt oder eingelegt, b) ältere Nadeln getrocknet und vermahlen Herbst frisch oder geröstet März–April Anschnittsaft frisch oder köchelnd einreduziert Mai–Juni unreif, noch weich geerntet und eingelegt	März–April in Streifen geschnitten und erhitzt oder getrocknet als Mehlbeimischungen Frühjahr männl. Blüten, a) knospig kandiert, seltener roh, b) Pollen zu Mehlbeimischungen	Pflanzen mit Harzaroma für Gewürze, Aroma, Spirituosen, Süßspeisen, Mehl
Kirschen-Arten *Prunus* Rosengewächse (Rosaceae) Siehe Bild Seite 71	Frühjahr in kleinen Mengen fein geschnitten, frisch oder erhitzt/überbrüht Sommer, z.T. Herbst frisch, erhitzt oder eingelegt	April–Mai kandiert oder überbrüht	Säuerliche Wildfruchtgehölze für Fruchtspeisen, Säfte, Aroma, Tee, Gemüsebeigabe; v.a. die Kerne enthalten Blausäuren, Blätter und Blüten nur in sehr geringer Menge
Klee-Arten *Trifolium* Schmetterlingsblütlergewächse (Fabaceae) (!) Siehe Bild Seite 71, 72	April–Mai fein geschnitten frisch oder erhitzt Herbst frisch oder gekeimt	Mai–Juni a) frisch ausgezupft als Speisendekor und Teigbeimischung, eingelegt, erhitzt oder getrocknet und vermahlen	Herb-aromatische Pflanzen für Mehl, Dekor, Salatbeigabe, Gemüsebeigabe, Süßspeisen
Kletten-Arten *Arctium* Korbblütlergewächse (Asteraceae) Siehe Bild Seite 72	August–September destilliert als Öl Mai–Juni erhitzt, seltener roh Mai–Juni erhitzt	Mai–Juni abgerieben oder geschält, dann erhitzt	Ergiebige milde Gemüsepflanzen, Blätter und Stängelhaut sehr bitter

Klettenkerbel, Gemeiner *Torilis japonica* Doldengewächse (Apiaceae)	April–Juni frisch oder erhitzt April–Mai fein geschnitten, frisch oder erhitzt		Pflanze mit leichtem Kerbelaroma als Beigabe für Salate, Gemüse
Knabenkraut, Geflecktes *Dactylorhiza maculata* Knabenkrautgewächse (Orchidaceae) !	September–März getrocknet und vermahlen		Selten genutzte Pflanze (meist in Notzeiten) für Mehlbeimischungen
Knäuelgras-Arten *Dactylis* Süßgrasgewächse (Poaceae) (!)	Spätsommer geröstet als Kaffee oder gekocht und passiert als Suppe/Getränk Frühjahr geröstet als Kaffee, vermahlen als Mehl,	gekocht und passiert als Suppe/Getränk Frühjahr innere weißliche Triebabschnitte, frisch oder erhitzt	Stärkereiche, süßliche Graspflanzen für Gemüsebeigabe, Getränke, Kaffee
Knoblauchhederich *Alliaria petiolata* Kreuzblütlergewächse (Brassicaceae) Siehe Bild Seite 72	April–Juni fein geschnitten, frisch oder erhitzt Juni–August vermaischt oder vermahlen als Senf	September–März frisch gerieben, meerrettichartig Mai–Juni würziger Dekor, frisch oder erhitzt	Pflanze mit Knoblauch-Senf-Aroma für Salate, Gemüse, Gewürze, Senf
Knollenkümmel *Bunium bulbocastanum* Doldengewächse (Apiaceae) Siehe Bild Seite 75	April—Juli fein geschnitten, frisch oder erhitzt August–September frisch oder getrocknet	September–März frisch gerieben oder erhitzt	Stärkereiche, aromatische Pflanze für Wurzelgemüse, Gewürze
Knopfkraut-Arten *Galinsoga* Korbblütlergewächse (Asteraceae) Siehe Bild Seite 75	März–August frisch oder erhitzt September–Oktober gepresst als Öl	April–Juni Presssaft als Getränkebeigabe	Sehr milde z.T. behaarte Pflanzen für Salate, Gemüse, Getränke, Öl

Knollenkümmel *Bunium bulbocastanum*
Er hat als bevorzugten Standort Trockenrasen. Eine Delikatesse sind seine Wurzeln in feine Scheiben geschnitten und mit anderen Wurzelgemüsescheiben gemischt überbacken. (Siehe Seite 74)

Knotenfuß *Streptopus amplexifolius*
Er steht gewöhnlich in Laubmischwäldern und Gebüschen. Seine jungen Stängel wurden früher ohne die Blätter in Salzwasser weich gekocht und als dekorative Gemüsebeilage verwendet. (Siehe Seite 77, Unverträglichkeit/Giftigkeit beachten)

Knopfkraut, Kleinblütiges *Galinsoga parviflora*
Es wächst gerne als Ackerwildkraut und am Rande der Wege. Es besitzt nicht so viele Härchen wie das Raue Knopfkraut, schmeckt aber ähnlich gut, besonders als frischer Blattsalat mit Avocadodressing. (Siehe Seite 74)

Knopfkraut, Raues *Galinsoga ciliata*
Es ist ein typisches Wildkraut der Beete und Äcker, das seit langer Zeit als wichtiges Spinat- und Suppengemüse in traditionellen südamerikanischen Gerichten geschätzt wird. (Siehe Seite 74)

Knöterich, Vogel- *Polygonum aviculare*
Er verbreitet sich gerne in Ruderalgesellschaften und häufig betretenen Rasenflächen. An lockeren, feuchten Stellen entwickelt er größere weiche Triebe. Diese ergeben feingeschnitten eine gute Frischkräuterbeigabe für Saucen zu Bratgerichten. (Siehe Seite 77)

Kohl, Rüben- *Brassica rapa*
Er wächst auf nährstoffreichen Lehmböden. Ein feine Gemüsedelikatesse sind seine jungen Blätter als Rahmgemüse mit feinen Hackzwiebeln zu Reis. (Siehe Seite 78)

Königskerze, Großblütige *Verbascum densiflorum*
Markante Pflanze in Ruderalgesellschaften. Bekannt bei vielen Almbauern ist ein goldfarbener Sirup gekocht aus den apfelaromatischen Blüten der Königskerze.
(Siehe Seite 78)

Kornblume *Centaurea cyanus*
Sie steht charakteristisch in Getreidefeldern. Ihre getrockneten, ausgezupften Strahlenblüten sind die besonderen, geschmacksneutralen, blauen Farbtupfer in Trockenteemischungen. (Siehe Seite 78)

Pflanze	Ernte	Ernte	Verwendung
Knotenfuß *Streptopus amplexifolius* Spargelgewächse (Asparagaceae) Siehe Bild Seite 75	April–Juni in kleinen Mengen erhitzt September in kleinen Mengen erhitzt	September–März in kleinen Mengen erhitzt	Leicht herbe Pflanze für Gemüse; nahe verwandt mit starken Giftpflanzen!
Knöterich, Ampfer- *Persicaria lapathifolia* Knöterichgewächse (Polygonaceae) (!)	März–Juli frisch oder erhitzt September–Oktober getrocknet und vermahlen als Mehl		Bissfeste, nussig-aromatische Pflanze für Salate, Gemüse, Mehl
Knöterich, Floh- *Persicaria maculosa* Knöterichgewächse (Polygonaceae)	April–August frisch, erhitzt oder salzig eingelegt September–Oktober getrocknet und vermahlen als Mehl		Bissfeste, scharfe Pflanze für Salatbeigabe, Gewürze, Gemüsebeigabe, Mehl
Knöterich, Kleiner *Persicaria minor* Knöterichgewächse (Polygonaceae)	April–Juli fein geschnitten, frisch oder erhitzt		Bissfeste, milde Pflanze für Salate, Gemüse
Knöterich, Milder *Persicaria dubia* Knöterichgewächse (Polygonaceae)	April–Juni fein geschnitten, frisch oder erhitzt		Bissfeste, milde Pflanze für Salate, Gemüse
Knöterich, Vogel- *Polygonum aviculare* Knöterichgewächse (Polygonaceae) Siehe Bild Seite 76	Mai–Juni frisch, getrocknet oder erhitzt/überbrüht August–Oktober frisch oder erhitzt		Milde, bissfeste Pflanze für Gemüse, Salate, Tee

Knöterich, Wasser- *Persicaria amphibia* Knöterichgewächse (Polygonaceae)	April–Juni fein geschnitten, frisch oder erhitzt		Bissfeste, nussig-aromatische Wasserpflanze für Salate, Gemüse
Kohl-Arten *Brassica* Kreuzblütlergewächse (Brassicaceae) (!)	März–Mai frisch oder erhitzt August–September ausgepresst als Öl Frühjahr erhitzt	Sommer sehr jung, unreif geerntet, frisch oder erhitzt März–Juni frisch oder eingelegt	Senfölhaltige Pflanzen für Gemüse, Öl
Kohldistel *Cirsium oleraceum* Korbblütlergewächse (Asteraceae) Siehe Bild Seite 76	April–Juni Stacheln abgeschnitten, frisch oder erhitzt September–März fein geschnitten, erhitzt, seltener roh	Sommer Blütenboden, frisch oder erhitzt April–Juni frisch oder erhitzt	Pflanze mit Artischockenaroma für Salate, Gemüse
Königskerzen-Arten *Verbascum* Braunwurzgewächse (Scrophulariaceae) (!) Siehe Bild Seite 76	Sommer frisch, erhitzt/überbrüht, eingelegt oder getrocknet		Behaarte, leicht herbsaure Pflanzen für Speisendekor, Tee, Aroma
Kopfgras-Arten *Sesleria* Süßgrasgewächse (Poaceae)	Spätsommer geröstet als Kaffee oder gekocht und passiert als Suppe/Getränk Frühjahr geröstet als Kaffee, vermahlen als Mehl,	gekocht und passiert als Suppe/Getränk Frühjahr innere weißliche Triebabschnitte, frisch oder erhitzt	Stärkereiche, süßliche Graspflanzen für Gemüsebeigabe, Getränke, Kaffee
Kornblume *Centaurea cyanus* Korbblütlergewächse (Asteraceae) Siehe Bild Seite 76	Juni–September frisch oder getrocknet		Dekorative, milde Blüten für Gewürze, Tee, Rauchtabak

Kornelkirsche *Cornus mas*
Ihr Vorkommensschwerpunkt sind Hecken und trockene Laubwaldränder. Eine Delikatesse sind ihre Früchte entkernt, püriert, gesüßt und mit etwas Chili gekocht, als Würzsauce zu Weichkäse. (Siehe Seite 81)

Kratzdistel, Alpen- *Cirsium spinosissimum*
Sie wächst auf nährstoffreichen Wiesen in den Bergen. Mit festen Lederhandschuhen und einem scharfen Messer schneidet man die Blütenböden heraus als nussiges, edles Gemüse. (Siehe Seite 81)

Kratzdistel, Gemeine *Cirsium vulgare*
Sie steht gerne in Ruderal- und Ackerwildkrautgesellschaften. Die feinen, violetten Blütenfäden eignen sich als exquisite Dekoration auf Torten und Cremes. (Siehe Seite 81)

Kratzdistel, Klebrige *Cirsium erisithales*
Ihre ganz jungen Wurzeln, quer zur Faser in dünne Scheiben geschnitten und kurz in etwas Öl angebraten, ergeben ein mildes Wurzelgemüse. (Siehe Seite 81)

Kresse, Breitblättrige *Lepidium latifolium*
Feuchte überflutete Rasen werden von ihr gerne besiedelt. Die schärflichen Wurzeln der jungen Pflanzen in Späne geschnitten, sind eine feine Beigabe zu salzigen Brotaufstrichen. (Siehe Seite 81)

Kresse, Feld- *Lepidium campestre*
Ruderalgesellschaften und Ackerwildkrautfluren sind ihr Zuhause. Ihre zarten Blätter sind frisch gehackt eine sehr gute Gewürzgrundlage für den bekannten Frühlingsquark. (Siehe Seite 81)

Kugelschötchen, Felsen- *Kernera saxatilis*
Es bewächst Felsspalten und Mauerfugen. Seine fein geschnittenen Blätter mit Crème fraîche verrührt, sind ein ausgezeichneter Dip für Rohgemüse und Teig-Chips. (Siehe Seite 82)

Kümmel, Echter *Carum carvi*
Er ist verbreitet auf Wiesen und Weiden. Ein lange schon geschätztes Küchengewürz. Seine Samen sind eine willkommene Bereicherung für in etwas Öl und Salz gebackene Kartoffelschnitze im Ofen. (Siehe Seite 82)

Kornelkirsche *Cornus mas* Hartriegelgewächse (Cornaceae) Siehe Bild Seite 79	März–April überbrüht Juli–Oktober vermahlen und geröstet als Kaffee	Juli–Oktober frisch, getrocknet, erhitzt oder eingelegt Februar–März überbrüht oder eingelegt als Aroma	Saure, später süße, saftige Wildfruchtpflanze für Fruchtspeisen, Süßigkeiten, Säfte, Tee, Eingelegtes
Krähenbeere, Schwarze *Empetrum nigrum* Heidekrautgewächse (Ericaceae)	September–Oktober nach dem ersten Frost frisch und erhitzt		Saure Wildfruchtpflanze als Beigabe für Fruchtspeisen, Getränke; mäßig geniessen, gebietsweise traten Magenreizungen auf
Kratzbeeren-Arten *Rubus* Rosengewächse (Rosaceae)	März–April fein geschnitten, frisch, getrocknet oder erhitzt Herbst frisch, erhitzt vergoren oder eingelegt	Sommer frisch als Aroma und Speisendekor Frühjahr frisch oder erhitzt	Säuerlich- bis süßaromatische Wildfrüchte für Tee, Fruchtspeisen, Spirituosen; nussigaromatische Blätter für Gemüse, Tee
Kratzdistel-Arten *Cirsium* Korbblütlergewächse (Asteraceae) Siehe Bild Seite 79	April–Juni Stacheln abgeschnitten, frisch oder erhitzt September–März fein geschnitten, erhitzt, seltener roh	Sommer Blütenboden, frisch oder erhitzt April–Juni frisch oder erhitzt	Pflanzen mit leichtem Artischockenaroma für Salate, Gemüse
Kresse-Arten *Lepidium* Kreuzblütlergewächse (Brassicaceae) Siehe Bild Seite 80	März–Mai frisch oder erhitzt August–September vermaischt oder vermahlen als Senf	März–April fein geschnitten, frisch Sommer frisch, erhitzt oder eingelegt	Scharf-würzige Pflanzen für Gemüse, Gewürze, Salatbeigaben
Kreuzblume, Gemeine *Polygala vulgaris* Kreuzblumengewächse (Polygalaceae)	Mai–August frisch oder getrocknet		Selten genutzte blaue Wildblüten als Beigabe für Tee und Speisendekor

Kugelschötchen, Felsen- *Kernera saxatilis* Kreuzblütlergewächse (Brassicaceae) Siehe Bild Seite 80	April–Mai frisch oder erhitzt Juli–August vermaischt oder vermahlen als Senf	Mai–Juli frisch oder eingelegt Mai–Juli frisch oder eingelegt	Scharfe Pflanze für Gewürze, Senf und als Beigabe zu Salaten, Gemüse
Kümmel, Echter *Carum carvi* Doldengewächse (Apiaceae) Siehe Bild Seite 80	April–Mai frisch oder erhitzt August–September getrocknet oder eingelegt	September–März fein geschnitten, frisch oder erhitzt Juni–Juli frisch oder erhitzt	Fein-würzige Pflanze für Salate, Gemüse, Gewürze, Spirituosen
Labkraut, Echtes *Galium verum* Rötegewächse (Rubiaceae)	April–Mai frisch oder erhitzt September–Oktober geröstet als Kaffee	Juni–September farbiger Speisendekor, frisch oder erhitzt	Verbreitete, milde Pflanze für Salate, Gemüse, Kaffee
Labkraut, Kleinfrüchtiges *Galium spurium* Rötegewächse (Rubiaceae) (!)	September–Oktober geröstet und vermahlen		Selten genutzte Pflanze für Kaffee
Labkraut, Kletten- *Galium aparine* Rötegewächse (Rubiaceae) Siehe Bild Seite 83	April–August erhitzt und passiert oder überbrüht zu Tee September–Oktober geröstet als Kaffee	Mai–Oktober farbiger Speisendekor, frisch oder eingelegt	Verbreitete, milde aber borstige Pflanze für Suppen, Tee, Kaffee
Labkraut, Wald- *Galium sylvaticum* Rötegewächse (Rubiaceae)	April–Mai frisch oder erhitzt Mai–September farbiger Speisendekor, frisch oder erhitzt		Verbreitete, milde Pflanze für Salate, Gemüse

Labkraut, Kletten- *Galium aparine*
Es wächst meist auf nährstoffreichen Böden in Gesellschaft mit der Brennnessel und hat eine botanische Verwandtschaft zum Kaffee. Ein Aufbrühgetränk aus stark gerösteten Labkraut-Samen schmeckt als Kaffeeersatz. (Siehe Seite 82)

Labkraut, Wiesen- *Galium mollugo*
Es befindet sich häufig auf gewöhnlichen Frischwiesen. Die im Frühjahr gerade auftreibenden, dicken, saftigen Triebe, sind ein herrlich nussiger Salat, alleine mit einem Dressing aus Sauerrahm und etwas Salz. (Siehe Seite 85)

Lacksenf *Coincya monensis*
Er steht meistens auf lockeren Sand- und Felsfluren. Seine Blütenknospen sind sehr gut geeignet als Kapern, eingelegt in einer Essiglösung mit etwas Salz. (Siehe Seite 85)

Laichkraut, Schwimmendes *Potamogeton natans*
Dies ist eine im Gewässerboden wurzelnde Schwimmblattpflanze. Weiche Abschnitte ihrer Wurzeln wurden früher in Scheiben geschnitten, weichgekocht und anschließend mit Gewürzen, Salz und Öl zu guten Bratgemüse verarbeitet. (Siehe Seite 85)

Lärche, Europäische *Larix decidua*
Sie bildet meist Bergnadelwälder auf sauren Böden. Der gesüßte und eingedickte Sud aus ihren ausgekochten männlichen Blüten und Knospen ergibt einen feinwürzigen sirupartigen Aufstrich. (Siehe Seite 86)

Laserkraut, Berg- *Laserpitium siler*
Es steht gerne in sonnigen Staudensäumen an Gehölzen. Seine aromatischen Samen sind ein Spitzengewürz für gebackenes Ofengemüse, z.B. Fenchelviertel mit Öl, Salz und Zitronensaft. (Siehe Seite 86)

Lattich, Blauer *Lactuca perennis*
Auf kalkreichen Magerrasenflächen ist er zu finden. Seine gezähnten Blätter werden kurz in heißem Öl gebraten. Anschließend gesalzen und getrocknet, ergeben sie feinherbe, strukturreiche Blattchips für Quark-Dipsaucen. (Siehe Seite 86)

Lattich, Wilder *Lactuca serriola*
Er ist Bestandteil der Vegetation oft gestörter Flächen. Seine ganz jungen, noch sehr zarten Blätter sind feinherbes Gewürzkraut für spanische Tortillas. (Siehe Seite 89)

Labkraut, Wiesen-
Galium mollugo
Rötegewächse (Rubiaceae)

April–Mai
frisch oder erhitzt

September–Oktober
geröstet als Kaffee

Mai–September
farbiger Speisendekor, frisch oder erhitzt

Verbreitete, milde Pflanze für Salate, Gemüse, Kaffee

Siehe Bild Seite 83

Lacksenf
Coincya monensis
Kreuzblütlergewächse (Brassicaceae)

(!)

April–Juni
frisch oder erhitzt

Juni–Oktober
frisch, erhitzt oder eingelegt

Pflanze mit Rapsaroma für Salate, Gemüse, Eingelegtes

Siehe Bild Seite 83

Laichkraut-Arten
Potamogeton
Laichkrautgewächse (Potamogetonaceae)

(!)

September–März
erhitzt

Nussige Wurzeln für Gemüse

Siehe Bild Seite 83

Laichkraut, Kamm-
Potamogeton pectinatus
Laichkrautgewächse (Potamogetonaceae)

(!)

April–Juni
erhitzt

September–März
erhitzt

Nussige Wurzeln, bissfeste Blätter für Gemüse

Laichkraut, Krauses
Potamogeton crispus
Laichkrautgewächse (Potamogetonaceae)

April–Juni
erhitzt

September–März
erhitzt

Nussige Wurzeln, bissfeste Blätter für Gemüse

Lappenfarn, Sumpf-
Thelypteris palustris
Sumpffarngewächse (Thelypteridaceae)

(!)

April–Juni
erhitzt

Selten genutzte Pflanze für Gemüsebeigabe

Lärche, Europäische *Larix decidua* Kieferngewächse (Pinaceae) Siehe Bild Seite 84	März–April frisch, erhitzt oder eingelegt Juni junge Zapfen als Aroma März–April in Streifen geschnitten	und erhitzt oder getrocknet als Mehlbeimischungen März–Mai erhitzt oder eingelegt	Aromatischer Nadelbaum für Tee, Spirituosen, Salatbeigabe, Gewürze, Süßspeisen, Sirup
Laserkraut, Berg- *Laserpitium siler* Doldengewächse (Apiaceae) Siehe Bild Seite 84	April–Mai in kleinen Mengen, frisch oder erhitzt August–September frisch oder getrocknet	September–März fein geschnitten und erhitzt oder getrocknet als Gewürz	Pflanze mit Kümmel-Kerbel-Aroma für Gewürze
Laserkraut, Breitblättriges *Laserpitium latifolium* Doldengewächse (Apiaceae)	April–Mai in kleinen Mengen, frisch oder erhitzt September–März fein geschnitten als Gewürz, erhitzt, getrocknet, seltener roh		Pflanze mit Kümmelaroma für Gewürze
Latschen-Arten *Pinus* Kieferngewächse (Pinaceae)	Frühjahr bzw. Sommer a) junge Triebe erhitzt oder eingelegt, b) ältere Nadeln getrocknet Herbst frisch oder geröstet März–April Anschnittsaft frisch oder köchelnd einreduziert Mai–Juni unreif, noch weich geerntet und eingelegt	März–April in Streifen geschnitten und erhitzt oder getrocknet als Mehlbeimischungen Frühjahr männliche Blüten, a) knospig kandiert, seltener roh, b) Pollen zu Mehlbeimischungen	Pflanzen mit Harzaroma für Gewürze, Aroma, Spirituosen, Süßspeisen, Mehl
Lattich, Blauer *Lactuca perennis* Korbblütlergewächse (Asteraceae) Siehe Bild Seite 84	April–Mai frisch oder erhitzt Mai–Juli frisch ausgezupft		Leicht bittere Pflanze für Gemüse, Salate

Lauch, Bär- *Allium ursinum*
Man findet ihn im Frühjahr oft am Boden frischer Laubwälder, bevor die Laubkronen ihr Blätterdach voll entfalten. Eine Delikatesse sind in Nussöl und etwas Salz eingelegte Blütenknospen. (Siehe Seite 89)

Lauch, Kohl- *Allium oleraceum*
Er kommt in Trockenrasen und Hecken vor. Zwischen seinen Blüten befinden sich die dunkelroten, kleinen Brutzwiebeln. Sie werden von trockenen Blättern befreit und in etwas Öl und Salz kurz erhitzt. Eine Spezialität als Pizzazutat. (Siehe Seite 89)

Lauch, Schnitt- *Allium schoenoprasum*
Er ist immer wieder auch wild zu finden und steht gerne auf lockeren Sandböden. Seine hübschen violetten Blüten werden ausgezupft und ergeben eine pikante Dekorationsstreu hervorragend über Camembert und Ziegenkäse. (Siehe Seite 89)

Lavendel, Echter *Lavandula angustifolia*
Er ist hin und wieder in warmen Schuttunkrautfluren zu finden. Traditionell französisches Ratatouille braucht unbedingt die feine, mediterrane Würze der blauen Lavendelblüten. (Siehe Seite 89)

Leimkraut, Aufgeblasenes *Silene vulgaris*
Auf steinigen Fluren und Rasen ist sie beheimatet. Als wichtiges, saftiges Frühjahrsgemüse werden ihre zarten Triebe noch heute gerne in den Alpen gesammelt und zu Spinat verarbeitet. (Siehe Seite 89)

Lein, Echter *Linum usitatissimum*
Er wird angebaut und ist aber auch ein Getreidewildkraut. Seine Samen sind eine gerne genutzte, nussige Beigabe zum Teig für Vollkornbrote. (Siehe Seite 89)

Leinkraut, Gemeines *Linaria vulgaris*
Ein Ackerwildkraut, das auch in Ruderalfluren verbreitet ist. Die jungen, zarten Triebe wurden früher geschält, gedünstet und zusammen mit etwas Pfeffer, Salz und frischen Schalotten zu gebratenen Kartoffelwürfeln serviert. (Siehe Seite 90)

Lichtnelke, Kuckucks- *Silene flos-cuculi*
Sie steht gerne in feuchten Wiesen und Flachmooren. Ihre Blüten sind ausgezupft eine aparte, essbare Dekoration über Quarkdessertspeisen. Sie werden vor dem Servieren über die einzelnen Portionen gestreut. (Siehe Seite 90)

Lattich, Wilder *Lactuca serriola* Korbblütlergewächse (Asteraceae) Siehe Bild Seite 84	April–Juni frisch oder erhitzt Juli–September frisch ausgezupft Mai–Juli frisch oder erhitzt		Leicht bittere Pflanze für Gemüse, Salate
Lauch-Arten *Allium* Lauchgewächse (Alliaceae) Siehe Bild Seite 87	März–Mai fein geschnitten, frisch oder erhitzt Juli–August würziger Dekor, frisch oder erhitzt	August–März fein geschnitten, frisch oder erhitzt Sommer würziger Dekor, frisch oder erhitzt	Pflanzen mit Zwiebel-Lauch-Aroma für Gemüse, Feinschnitt-kräutermischungen
Lavendel, Echter *Lavandula angustifolia* Lippenblütlergewächse (Lamiaceae) Siehe Bild Seite 87	April–Juli frisch oder erhitzt/überbrüht Juli–August frisch oder getrocknet		Bekannte, aromatische Pflanze für Gewürze
Leimkraut-Arten *Silene* Nelkengewächse (Caryophyllaceae) Siehe Bild Seite 88	April–Mai frisch oder erhitzt Sommer–Herbst farbiger Speisendekor, frisch oder eingelegt		Mild- bis herb-würzige Pflanzen für Salate, Gemüse, Speisendekor
Lein, Echter *Linum usitatissimum* Leingewächse (Linaceae) Siehe Bild Seite 88	April–Juni frisch oder erhitzt September–Oktober frisch, geröstet oder gepresst		Bekannte Pflanze für Ölsaaten, Gebäck, Salate
Lein, Stauden- *Linum perenne* Leingewächse (Linaceae)	April–Juni frisch oder erhitzt September erhitzt bei offenem Deckel		Kleinblättrige, leicht herbe Pflanze für Gewürze und Salate; Blausäurevorkommen im Samen vermindert sich beim Erhitzen

Pflanze	Ernte / Verwendung	Beschreibung
Lein, Zarter *Linum tenuifolium* Leingewächse (Linaceae)	April–Juni frisch oder erhitzt	Kleinblättrige, leicht herbe Pflanze als Beigabe für Salate
Leindotter-Arten *Camelina* Kreuzblütlergewächse (Brassicaceae) (!)	Frühjahr frisch oder erhitzt Frühsommer frisch oder eingelegt	Pflanzen mit Rucola-aroma für Salate, Gemüse
Leinkraut-Arten *Linaria* Wegerichgewächse (Plantaginaceae) (!)	Herbst gepresst als Öl	Selten genutzte Samen als Beigabe zu Ölsaaten
Leinkraut, Gemeines *Linaria vulgaris* Wegerichgewächse (Plantaginaceae) Siehe Bild Seite 88	April–Juni erhitzt September–Oktober gepresst als Öl	Selten genutzte Pflanze für Gemüse, Öl
Levkojen-Arten *Matthiola* Kreuzblütlergewächse (Brassicaceae)	Mai–September frisch als farbige Speisenbeigabe	Seltene, filzige Pflanzen mit dekora-tiven, nach Kohl schmeckenden Blüten
Lichtnelken-Arten *Silene* Nelkengewächse (Caryophyllaceae) (!) Siehe Bild Seite 88	April–Mai frisch oder erhitzt Sommer–Herbst farbiger Speisendekor, frisch oder eingelegt	Mild- bis herbwürzige Pflanzen für Salate, Gemüse, Speisendekor

Liebesgras-Arten *Eragrostis* Süßgrasgewächse (Poaceae) (!)	Spätsommer geröstet als Kaffee oder gekocht und passiert als Suppe/Getränk Frühjahr geröstet als Kaffee, vermahlen als Mehl,	gekocht und passiert als Suppe/Getränk Frühjahr innere weißliche Triebabschnitte, frisch oder erhitzt	Stärkereiche, süßliche Graspflanzen für Gemüsebeigabe, Getränke, Kaffee
Liebstöckel *Levisticum officinale* Doldengewächse (Apiaceae)	April–Juli fein geschnitten, frisch, erhitzt oder eingelegt August–September frisch oder getrocknet	September–März fein geschnitten als Gewürz, erhitzt, seltener roh Juli–August frisch als Aroma	Bekannte Pflanze als Aroma für Gemüse, Spirituosen, Gewürze
Lieschgras-Arten *Phleum* Süßgrasgewächse (Poaceae) (!)	Spätsommer geröstet als Kaffee oder gekocht und passiert als Suppe/Getränk Frühjahr geröstet als Kaffee, vermahlen als Mehl,	gekocht und passiert als Suppe/Getränk Frühjahr innere weißliche Triebabschnitte, frisch oder erhitzt	Stärkereiche, süßliche Graspflanzen für Gemüsebeigabe, Getränke, Kaffee
Lilien-Arten *Lilium* Liliengewächse (Liliaceae) !	April–Mai frisch oder erhitzt September–März frisch als Gewürz oder gekocht	Juni–Juli farbiger Speisendekor, frisch oder erhitzt	Selten genutzte Pflanzen (meist in Notzeiten) als nahrhafte Beigabe für Salate, Gemüse
Linden-Arten *Tilia* Malvengewächse (Malvaceae) Siehe Bild Seite 93	März–April a) frisch oder erhitzt, auch getrocknet und vermahlen, b) Knospen vermahlen August–September gepresst als Öl (kaum ergiebig)	Juli unreif, noch weich geerntet und eingelegt Sommer a) unreif geerntet als Salat, b) ausgereift überbrüht, eingelegt, als Aroma	Mild-aromatische Bäume für Salate, Gemüse, Tee, Süßspeisen, Mehlbeimischungen
Löffelkraut-Arten *Cochlearia* Kreuzblütlergewächse (Brassicaceae) !	März–Mai frisch oder erhitzt Juli ausgepresst		Pflanzen mit Kressearoma für Salate, Gemüsesaft

Löwenzahn-Arten *Taraxacum* Korbblütlergewächse (Asteraceae) (!) Siehe Bild Seite 93	März–Juni frisch, blanchiert oder erhitzt September–März frisch, gewässert, erhitzt oder geröstet	März–September a) knospig und erblüht, frisch, erhitzt/überbrüht oder eingelegt, b) Blütenstiele gewässert	Erfrischend herbe Pflanzen für Gemüse, Salate, Sirup, Kaffee, Tee
Lungenkraut, Gewöhnliches *Pulmonaria officinalis* Raublattgewächse (Boraginaceae) Siehe Bild Seite 93	März fein geschnitten, frisch oder erhitzt März–April frisch als farbige Speisenbeigabe		Pflanze mit Gurkenaroma für Gemüse, Salate, Speisendekor
Lupinen-Arten *Lupinus* Schmetterlingsblütlergewächse (Fabaceae) X	September–Oktober geröstet als Kaffee Frühjahr nur kleine Mengen, frisch oder eingelegt		Bohnenverwandte Pflanzen als Beigabe für Kaffee, Toxizität vermutet, v.a. die Samen gelten unverarbeitet als sehr giftig
Luzerne-Arten *Medicago* Schmetterlingsblütlergewächse (Fabaceae) (!) Siehe Bild Seite 94	März–Mai frisch oder erhitzt Herbst frisch oder als Keimsaat	Frühjahr–Sommer frisch, erhitzt oder getrocknet und vermahlen	Pflanzen mit Bohnenaroma, z.T. leicht bitter, für Salatbeigabe, Gemüse, Mehlbeimischungen; ggf. mehrfach überbrühen zum Entbittern
Mädesüß-Arten *Filipendula* Rosengewächse (Rosaceae) (!) Siehe Bild Seite 94	April–Juni frisch, erhitzt oder eingelegt September–März erhitzt	Juni–August frisch, erhitzt oder eingelegt	Süß-herb-aromatische Pflanzen als Aroma für Getränke, Saucen, Süßspeisen, Gemüse
Mahonie, Gemeine *Mahonia aquifolium* Berberitzengewächse (Berberidaceae) X Siehe Bild Seite 94	August–September frisch, erhitzt oder eingelegt		Saueraromatische Beeren als Beigabe für Fruchtspeisen, Säfte, Wein; große Mengen können zu Magenbeschwerden führen

Linde, Sommer- *Tilia platyphyllos*
Wir finden sie gerne zusammen mit Ahorn in Mischwäldern. Ihre weichen Blätter sind, wenn sie gerade aus den Knospen treiben, eine hervorragende Grundlage für Blattsalate mit Sauerrahmdressing. (Siehe Seite 91)

Linde, Winter- *Tilia cordata*
Sie ist gesellig in Buchenmischwäldern. Ihre jungen Blütenknospen nutzt man samt der noch weichen Flügel und Stängel feingeschnitten zum leichten Binden von Saucen. (Siehe Seite 91)

Löwenzahn, Wiesen- *Taraxacum officinale*
Die typische Pflanze nährstoffreicher Wiesen und Weiden. Eine herzhafte Spezialität ist ein Salatsnack aus seinen in Späne geschnittenen jungen Wurzeln, den man mit Salz einige Zeit ziehen lässt. (Siehe Seite 92)

Lungenkraut, Gewöhnliches *Pulmonaria officinalis*
Es findet sich häufig in Laubwäldern und Gebüschen. Die Blätter wurden früher fein gehackt mit Dill und etwas Öl, Salz und Essig als frische Beigabe auf Brotzeitplatten verwendet. (Siehe Seite 92)

Luzerne, Echte *Medicago sativa*
Sie gehört zu den Pflanzen der Ruderalgesellschaften. Ihre gekeimten Samen waren früher eine kräftige Vitaminquelle in Keimsaatmischungen im Winter zuhause auf der Fensterbank. (Siehe Seite 92)

Mädesüß, Echtes *Filipendula ulmaria*
Es steht meist an Bachufern. Die markant duftenden Blütenstände und Blütenknospen verfeinern, wenn man sie z.B. in Rahmsaucen mitkocht und vor dem Servieren wieder entfernt, die Speisen mit einem hervorragenden Nuss-Mandel-Aroma. (Siehe Seite 92)

Mahonie, Gemeine *Mahonia aquifolium*
Sie finden wir oft auf humosen Böden in Siedlungsnähe. Ihre sauren Beeren sind eine willkommene Beigabe passiert und mitgekocht in scharfem Mango-Chutney. (Siehe Seite 92, Unverträglichkeit/Giftigkeit beachten)

Malve, Moschus- *Malva moschata*
Sie ist eine typische Wildpflanze am Rande von Getreidefeldern. Ihre Blüten werden kandiert, indem man sie mit Puderzucker bestäubt und langsam im Backofen trocknet. So eigen sie sich als gute Beigabe zu Cremespeisen. (Siehe Seite 95)

Malven-Arten *Malva* Malvengewächse (Malvaceae) Siehe Bild Seite 94	April–Mai frisch oder erhitzt September–März fein geschnitten, erhitzt, seltener roh	Juli–August unreif, noch weich geerntet und eingelegt Sommer–Herbst knospig und erblüht, frisch oder erhitzt/ überbrüht	Milde schleimstoff- haltige Pflanzen für Salate, Gemüse, Tee, Süßspeisen
Margerite *Leucanthemum vulgare* Korbblütlergewächse (Asteraceae) Siehe Bild Seite 97	März–Mai fein geschnitten, frisch oder erhitzt April–Juni frisch ausgezupft oder knospig eingelegt		Leicht nach Ananas schmeckende Pflanze für Gemüse, Salate
Marienblatt *Tanacetum balsamita* Korbblütlergewächse (Asteraceae)	August–Oktober blanchiert		Pflanze mit Minze-Zimt-Aroma als Beigabe für Gewürze
Mariendistel *Silybum marianum* Korbblütlergewächse (Asteraceae)	April–Juni a) überbrüht, b) Stacheln abgeschnit- ten, frisch oder erhitzt September–März fein geschnitten, erhitzt, seltener roh	Sommer Blütenboden, frisch oder erhitzt April–Juni frisch oder erhitzt	Leicht bittere, z.T. nach Artischocken schmeckende Pflanze für Tee, Salate, Gemüse
Maßliebchen *Aster bellidiastrum* Korbblütlergewächse (Asteraceae) Siehe Bild Seite 97	Frühjahr fein geschnitten, frisch oder erhitzt Sommer–Herbst frisch ausgezupft oder fein geschnitten		Herb-aromatische Pflanze für Salate und farbige Speisen- beigabe
Mauerlattich *Mycelis muralis* Korbblütlergewächse (Asteraceae) Siehe Bild Seite 97	April–Juni frisch oder erhitzt		Leicht bittere Pflanze als Beigabe für Gemüse, Salate, Feinschnittkräuter- mischungen

Pflanze	Verwendung		Nutzung
Mauerpfeffer-Arten *Sedum* Dickblattgewächse (Crassulaceae) Siehe Bild Seite 97	Frühjahr frisch, erhitzt oder getrocknet		Saftige, meist milde, aber auch sehr scharfe Pflanzen als Beigabe zu Gemüse, Salaten, Gewürze; scharfe Arten gering dosiert, Schärfe wirkt stark unverträglich
Mauerraute *Asplenium ruta-muraria* Streifenfarngewächse (Aspleniaceae) Siehe Bild Seite 98	April–Juni überbrüht		Verbreitete, aromatische Farnpflanze für Tee
Meerkohl, Echter *Crambe maritima* Kreuzblütlergewächse (Brassicaceae)	April–Mai erhitzt April–Mai erhitzt Mai–Juni erhitzt		Leicht nach Kohl schmeckende Pflanze für Gemüse
Meerrettich *Armoracia rusticana* Kreuzblütlergewächse (Brassicaceae) Siehe Bild Seite 98	März–Mai fein geschnitten, frisch September–März gerieben, frisch		Scharfe Pflanze für Gewürze
Meersenf, Europäischer *Cakile maritima* Kreuzblütlergewächse (Brassicaceae) Siehe Bild Seite 98	April–Juni frisch oder erhitzt Juli–Oktober farbiger Speisendekor, frisch oder eingelegt		Kresse-/kohlartige Pflanze für Salate, Gemüse
Mehlbeeren-Arten *Sorbus* Rosengewächse (Rosaceae) Siehe Bild Seite 98	August–November geröstet als Kaffee August–November nach ersten starken Frösten geerntet	a) erhitzt, überbrüht oder getrocknet und vermahlen, b) in kleinen Mengen roh Frühsommer überbrüht	Mehlig bis saftige, süßlich bis bittere Wildfrüchte für Mehlbeimischungen, Tee, Fruchtspeisen, Saucen, Spirituosen, Kaffee

Margerite *Leucanthemum vulgare*
Sie ist eine bekannte Pflanze auf Grünland und an Wegrändern. Ihre Blütenknospen sind eine einfache, nahrhafte Rohkost-Delikatesse auf Wanderungen. (Siehe Seite 95)

Maßliebchen *Aster bellidiastrum*
Sie wächst bevorzugt auf steinigen Flächen und feuchten Waldstellen. Ihre Blüten wurden früher eingelegt in einem Sud aus Gewürzen und verdünnter Essiglösung zur Bevorratung für den Winter. (Siehe Seite 95)

Mauerlattich *Mycelis muralis*
In Schleiergesellschaften rund um Wälder und in Ufersäumen finden wir ihn. Seine zarten Blätter wurden früher fein gehackt in Salatsaucen für Kopfsalatzubereitungen verwendet. (Siehe Seite 95)

Mauerpfeffer, Weißer *Sedum album*
Er steht gerne auf lockeren Felsrasen und Sanden. Die milden, jungen, saftigen Blätter sind eine besonders gute Beigabe in Gemüsegerichten aus kurz gedünstetem, feingewürfeltem Paprika. (Siehe Seite 96)

Mauerraute *Asplenium ruta-muraria*
Man findet sie oft in Mauerfugen oder Felsrissen. Ihre Blätter wurden gelegentlich zusammen mit Grünteeblättern getrocknet als Teespezialität verwendet. (Siehe Seite 96)

Meerrettich *Armoracia rusticana*
Er findet sich manchmal verwildert auf nährstoffreichen Wiesen. Seine scharfe Wurzel ist roh oder in Sauerrahm gerieben eine weithin bekannte Würzspezialität. (Siehe Seite 96)

Meersenf, Europäischer *Cakile maritima*
Typisch zu finden ist er an Meeressäumen. Blüten und zarte Triebspitzen bilden feingehackt eine erstklassige, würzige Auflage auf Butterbrot. (Siehe Seite 96)

Mehlbeere, Schwedische *Sorbus intermedia*
Sie wächst hin und wieder am Rande von Laubwäldern. Ihre Früchte sind eine willkommene Beigabe zu Fruchtbreien, Fruchtbrotteigen oder Mischfrucht-Marmeladen. (Siehe Seite 96)

Meisterwurz *Peucedanum ostruthium* Doldengewächse (Apiaceae)	April–Juni frisch oder erhitzt September–März eingelegt als Aroma		Scharfe, z.T. nach Petersilie schmeckende Pflanze für Gemüse, Gewürze, Spirituosen
Melde-Arten *Atriplex* Fuchsschwanzgewächse (Amaranthaceae) (!) Siehe Bild Seite 101	Frühjahr fein geschnitten, frisch oder erhitzt August–Oktober getrocknet und vermahlen als Mehl	Frühsommer frisch oder erhitzt	Spinatartig, nussig-milde Pflanzen für Gemüse, Mehlbeimischungen
Melisse *Melissa officinalis* Lippenblütlergewächse (Lamiaceae) Siehe Bild Seite 101	April–Juni frisch, eingelegt oder erhitzt/überbrüht Juni–August frisch oder eingelegt		Pflanze mit Zitrus-Minze-Aroma für Gewürze, Öleinlage, Salate, Tee
Milchkraut-Arten *Leontodon* Korbblütlergewächse (Asteraceae) (!) Siehe Bild Seite 101	März–Mai frisch oder erhitzt September–März erhitzt, seltener roh, auch geröstet als Kaffee	Sommer–Spätsommer frisch ausgezupft oder knospig eingelegt	Bitter-herbe Pflanzen als Beigabe für Gemüse, Salate, Kaffee, Eingelegtes
Milchlattich, Alpen- *Cicerbita alpina* Korbblütlergewächse (Asteraceae) Siehe Bild Seite 102	April–Juli fein geschnitten, frisch oder erhitzt September–März erhitzt	April–Juli frisch oder erhitzt	Bittere Pflanze als Beigabe für Gemüse, Salate
Milzkraut-Arten *Chrysosplenium* Steinbrechgewächse (Saxifragaceae) Siehe Bild Seite 102	März–Mai frisch oder erhitzt		Milde, z.T. auch herbe Pflanzen mit fleischigen Blättern für Gemüse, Salate

Pflanze	Verwendung	Verwendung	Beschreibung
Minze-Arten *Mentha* Lippenblütlergewächse (Lamiaceae) Siehe Bild Seite 102	April–Juli kleine Mengen frisch oder erhitzt/überbrüht Juli–September frisch als Aroma und Speisendekor		Bekannt aromatische Pflanzen für Salate, Süßspeisen, Tee, Gewürze; ätherische Öle in hoher Dosis giftig, besonders *Mentha pulegium*
Mispel, Echte *Mespilus germanica* Rosengewächse (Rosaceae) Siehe Bild Seite 102	Oktober–November frisch, erhitzt, gepresst oder eingelegt Mai–Juni farbiger Speisendekor, frisch oder eingelegt		Steinfleischige Wildfrucht mit Aprikosenaroma für Fruchtspeisen, Getränke, Spirituosen
Mohn, Klatsch- *Papaver rhoeas* Mohngewächse (Papaveraceae) Siehe Bild Seite 105	April–Mai vor der Blüte, frisch oder erhitzt September–Oktober getrocknet, erhitzt oder gepresst als Öl	Mai–Juli farbiger Speisendekor, frisch oder eingelegt	Mild-nussig-aromatische, behaarte Pflanze für Gemüse- und Salatbeigaben, Öl, Backwerk; verzehr nur in kleinen Mengen, milchiger Pflanzensaft gilt als unverträglich
Mohn, Saat- *Papaver dubium* Mohngewächse (Papaveraceae)	April–Mai vor der Blüte, frisch oder erhitzt		Milde Pflanze für Gemüse, Salatbeigaben
Mohn, Sand- *Papaver argemone* Mohngewächse (Papaveraceae)	April–Mai vor der Blüte, frisch oder erhitzt		Milde, aber behaarte Pflanze für Gemüse, Salatbeigaben
Möhre, Wilde *Daucus carota* Doldengewächse (Apiaceae) Siehe Bild Seite 105	April–Mai frisch, erhitzt oder eingelegt August–September frisch oder getrocknet September–März frisch oder erhitzt	Mai–August frisch oder eingelegt Mai–Juni geschält, frisch oder erhitzt Mai–Juni von groben Fasern befreit, frisch oder erhitzt	Feinwürzige Pflanze für Gemüse, Salate, Gewürze, Eingelegtes

Melde, Glanz- *Atriplex sagittata*
Sie steht häufig in Ruderalflächen und ist auch ein typisches Wildkraut der Äcker. Sie wurde schon früher gerne als Zweiternte neben dem Kulturgemüse von den Feldern geholt und zu einer Spinatspezialität verarbeitet. (Siehe Seite 99)

Melde, Ruten- *Atriplex patula*
Sie ist ein häufiges Ackerwildkraut, steht aber auch gerne auf nährstoffreichen Flächen. Eine besondere Empfehlung ist Brotmehl zu großen Anteilen gemischt mit ihren Samen. Zuvor werden sie getrocknet und vermahlen. (Siehe Seite 99)

Melisse *Melissa officinalis*
Sie steht oftmals in nährstoffreichen Krautfluren. Sie verfeinert mit ihren fein geschnittenen Blättern hervorragend Waldpilzgerichte. (Siehe Seite 99)

Milchkraut, Herbst- *Leontodon autumnalis*
Es ist verbreitet in typischen Grünlandgesellschaften. Seine Wurzeln nutzte man früher als Röstgetränk. Dazu wurden sie gereinigt, vermahlen, im Backofen dunkelbraun geröstet und anschließend überbrüht. (Siehe Seite 99)

Milchlattich, Alpen- *Cicerbita alpina*
Er steht gerne in Hochstaudenfluren. Spezialität: Die kleinen noch ganz jungen Wurzeln wurden früher fein geschnitten, blanchiert und mit anderen Wurzeln (z.B. Kletten, Pastinaken) gebacken und mit Nüssen gratiniert. (Siehe Seite 99)

Milzkraut, Wechselblättriges *Chrysosplenium alternifolium*
Es wächst vielfach in Auwäldern. Feingeschnittene Blätter ergaben früher zusammen mit Bärlauchblättern und Frischkäse eine gute Füllung für Teigtaschen. (Siehe Seite 99)

Minze, Grüne *Mentha spicata*
Sie ist häufig auf nährstoffreichen oft gestörten Krautfluren zu finden. Einige ihrer getrockneten Blätter gerebelt und in gesüßte Avocadocreme mit gerösteten Pinienkernen gestreut, ergeben ein Delikatess-Dessert. (Siehe Seite 100, Unverträglichkeit/Giftigkeit beachten)

Mispel, Echte *Mespilus germanica*
Eine alte Wildfrucht der Waldmantelgebüsche und Hecken. Das passierte Fruchtfleisch wird gesüßt und gerne als delikate Einlage in Mürbeteiggebäck verwendet. (Siehe Seite 100)

Mohrenhirse, Wilde *Sorghum halepense* Süßgrasgewächse (Poaceae)	Spätsommer geröstet als Kaffee oder gekocht und passiert als Suppe/Getränk Frühjahr geröstet als Kaffee, vermahlen als Mehl,	gekocht und passiert als Suppe/Getränk Frühjahr innere weißliche Triebabschnitte, frisch oder erhitzt	Stärkereiche, süßliche Graspflanze für Gemüsebeigabe, Getränke, Kaffee
Moltebeere *Rubus chamaemorus* Rosengewächse (Rosaceae) !	März–April fein geschnitten frisch, getrocknet oder erhitzt Herbst frisch, erhitzt, vergoren oder eingelegt	Sommer frisch als Aroma und Speisendekor Frühjahr frisch oder erhitzt	Säuerlich- bis süßaromatische Wildfrucht für Tee, Fruchtspeisen, Spirituosen; nussig-aromatische Blätter für Gemüse, Tee
Mondviolen-Arten *Lunaria* Kreuzblütlergewächse (Brassicaceae) (!)	Frühjahr frisch oder erhitzt Juni–Juli unreif, noch weich geerntet und eingelegt	Mai–Juni frisch oder eingelegt	Mit Rucola verwandte Pflanzen für Salate, Gemüse, Gewürze
Moorbinsen-Arten *Isolepis* Riedgrasgewächse (Cyperaceae) (!)	Spätsommer geröstet als Kaffee oder gekocht und passiert als Suppe/Getränk	Frühjahr geröstet als Kaffee, vermahlen als Mehl, gekocht und passiert als Suppe/Getränk	Stärkereiche, süßliche Graspflanzen für Suppen, Getränke, Kaffee
Moosbeere, Gemeine *Vaccinium oxycoccus* Heidekrautgewächse (Ericaceae)	April–Mai überbrüht September–Oktober nach erstem Frost, frisch oder erhitzt		Säuerliche Wildfrucht für Fruchtspeisen; Blätter für Tee
Moosbeere, Großfrüchtige *Vaccinium macrocarpon* Heidekrautgewächse (Ericaceae) Siehe Bild Seite 105	April–Juni überbrüht oder als Aroma August–September frisch, erhitzt oder getrocknet		Stark säuerliche Wildfrucht für Fruchtspeisen; Blätter für Tee

Pflanze			Verwendung
Mutterkraut *Tanacetum parthenium* Korbblütlergewächse (Asteraceae)	Juni–August blanchiert		Herb-würzige Pflanze als Beigabe für Gewürze Verwendung nur geringer Mengen
Mutterwurz, Alpen- *Ligusticum mutellina* Doldengewächse (Apiaceae) Siehe Bild Seite 105	April–Juli frisch oder erhitzt/überbrüht September–März frisch oder getrocknet	Juni–August frisch als Aroma	Pflanze mit Liebstöckelaroma für Gemüse, Tee, Aroma
Nachtkerzen-Arten *Oenothera* Nachtkerzengewächse (Onagraceae) Siehe Bild Seite 106	März–Juni erhitzt Juni–August frisch oder getrocknet als Gebäck September–März erhitzt und eingelegt	Juni–September knospig und erblüht, frisch, eingelegt oder kandiert Juni erhitzt	Milde Pflanze für Gemüse, Speisendekor, Süßspeisen, Gebäck
Nachtschatten, Gelber *Solanum villosum* Nachtschattengewächse (Solanaceae)	August-September nur ausgereift geerntet, erhitzt		Mildsaure Wildfrüchte für Fruchtspeisen
Nachtschatten, Schwarzer *Solanum nigrum* Nachtschattengewächse (Solanaceae)	August–Oktober nur ausgereift geerntet, erhitzt		Süßsaure Wildfrüchte für Fruchtspeisen; Kraut und unreife Früchte können toxisch wirken
Nachtviolen-Arten *Hesperis* Kreuzblütlergewächse (Brassicaceae) Siehe Bild Seite 106	Frühjahr fein geschnitten, frisch oder erhitzt Juli–September gepresst als Öl	Mai–Juli farbiger Speisendekor, frisch oder eingelegt	Pflanzen mit herbem Kressearoma als Beigabe zu Gemüsen, Salaten und für Öl

Mohn, Klatsch- *Papaver rhoeas*
Er ist das typische, rote Getreidebeikraut. Als feine Speisendekoration wurden früher seine Blütenblätter in Streifen geschnitten und auf dünne, knusprige Brotscheiben mit Kräuterfrischkäse gelegt. (Siehe Seite 100, Unverträglichkeit/Giftigkeit beachten)

Möhre, Wilde *Daucus carota*
Eine bekannte Pflanze vieler Wegränder. Ihre weißen, stark aromatischen Wurzeln der jüngsten Pflanzen sind ein Genuss, wenn man sie grob aufschneidet und leicht mit mildem Käse überbäckt. (Siehe Seite 100)

Moosbeere, Großfrüchtige *Vaccinium macrocarpon*
Eine typische Pflanze der Hochmoore und Moorheiden. Ihre runden, ausgereiften Früchte empfehlen sich als erfrischende Beigabe zu süßen Mischfruchtmarmeladen. (Siehe Seite 103)

Mutterwurz, Alpen- *Ligusticum mutellina*
Wir finden sie auf langjährig schneebedeckten Böden. Ihre getrockneten Blätter ergeben zusammen mit Kamilleblüten eine feine Gewürzteemischung. (Siehe Seite 104)

Nachtkerze, Gemeine *Oenothera biennis*
Eine typische Pflanze der Ruderalgesellschaften. Eine Spezialität sind ihre milden Blütenknospen mit etwas Knoblauch und Salz in Öl eingelegt. (Siehe Seite 104)

Nachtviole, Gemeine *Hesperis matronalis*
Sie ist meistens in Erlen-Edellaub-Auwäldern zu finden. Ihre gedrängt stehenden Blüten und Knospen sind besonders geeignet als leuchtende Beigabe zu Kräutersalaten mit Kerbel und Fenchel. (Siehe Seite 104)

Natternkopf, Gemeiner *Echium vulgare*
Seine bevorzugten Wuchsorte sind auf Ruderalflächen. Weiche Blätter wurden früher mit flüssigem, leicht gesalzenem Teig ummantelt und frittiert. (Siehe Seite 107, Unverträglichkeit/Giftigkeit beachten)

Nelke, Feder- *Dianthus plumarius*
Sie steht meistens auf Kalk-Magerrasen. Ihre ausgezupften Blüten sind eine feine Nascherei mit Puderzucker bestäubt und kurz im Backofen bei niedriger Temperatur getrocknet. (Siehe Seite 107)

Natternkopf, Gemeiner *Echium vulgare* Raublattgewächse (Boraginaceae) X Siehe Bild Seite 106	April–Juni frisch oder erhitzt Juni–September frisch als farbige Speisenbeigabe		Von alters her geschätzte Nahrungspflanze mit Gurkenaroma; enthält Alkaloide, die derzeit als ›evtl. krebserregend‹ eingestuft werden
Nelken-Arten *Dianthus* Nelkengewächse (Caryophyllaceae) (!) Siehe Bild Seite 106	Frühsommer–Spätsommer frisch oder eingelegt		Dekorative, milde Blüten für Salate, farbige Speisebeigaben
Nelkenhafer-Arten *Aira* Süßgrasgewächse (Poaceae) (!)	Spätsommer a) geröstet, b) gekocht und passiert Frühjahr gekocht und passiert	Frühjahr innere weißliche Triebabschnitte als Nascherei	Stärkereiche Graspflanzen für Mehl, Gemüsebeigabe, Röstkaffee, Getränke
Nelkenwurz, Bach- *Geum rivale* Rosengewächse (Rosaceae) Siehe Bild Seite 109	März–April fein geschnitten, frisch oder erhitzt September–März getrocknet als Gewürz		Bitter-herbe Pflanze als Beigabe für Gemüse, Gewürze mit Nelkenaroma
Nelkenwurz, Echte *Geum urbanum* Rosengewächse (Rosaceae) Siehe Bild Seite 109	März–April fein geschnitten, frisch oder erhitzt September–März a) getrocknet als Gewürz, b) fein geschnitten und gekocht		Bitter-herbe Pflanze als Beigabe für Gemüse, Suppen, Gewürze mit Nelkenaroma
Ochsenzunge, Gemeine *Anchusa officinalis* Raublattgewächse (Boraginaceae) X (!)	März–Mai a) frisch oder erhitzt, b) getrocknet als Tabakbeigabe September–März eingelegt als Aroma	Mai–September frisch als farbige Speisenbeigabe	Von alters her geschätzte Nahrungspflanze mit Gurkenaroma, enthält Alkaloide, die derzeit als ›evtl. krebserregend‹ eingestuft werden

Odermennig, Gemeiner *Agrimonia eupatoria* Rosengewächse (Rosaceae) Siehe Bild Seite 109	Mai–Juli überbrüht oder als Aroma		Bitter-würzige Pflanze für Tee, Liköre
Pappel-Arten *Populus* Weidengewächse (Salicaceae) Siehe Bild Seite 109	April–Mai a) Blattknospen als Aroma, b) Blätter erhitzt, eingesäuert, getrocknet zu Mehl März–April Anschnittsaft frisch oder köchelnd einreduziert	März–April in Streifen geschnitten und erhitzt oder getrocknet als Mehl Frühjahr erhitzt	Herb-aromatische Pflanzen für Sauerkraut, Mehlbeimischungen, Aroma, Getränke, Gemüsebeigabe
Pastinak *Pastinaca sativa* Doldengewächse (Apiaceae) Siehe Bild Seite 110	April–Juli frisch oder erhitzt August–September getrocknet als Gewürz	September–März frisch gerieben oder erhitzt Mai–Juli frisch oder erhitzt	Süßlich nach Möhren schmeckende Pflanze für Gemüse, Salate, Gewürze
Pechnelken-Arten *Silene* Nelkengewächse (Caryophyllaceae)	April–Mai frisch oder erhitzt Sommer–Herbst farbiger Speisendekor, frisch oder eingelegt		Mild bis herbwürzige Pflanzen für Salate, Gemüse, Speisendekor
Perlgras-Arten *Melica* Süßgrasgewächse (Poaceae)	Spätsommer geröstet als Kaffee oder gekocht und passiert als Suppe/Getränk Frühjahr geröstet als Kaffee, vermahlen als Mehl,	gekocht und passiert als Suppe/Getränk Frühjahr innere weißliche Triebabschnitte, frisch oder erhitzt	Stärkereiche, süßliche Graspflanzen für Gemüsebeigabe, Getränke, Kaffee
Pestwurz-Arten *Petasites* Korbblütlergewächse (Asteraceae)	Mai–Juli in kleinen Mengen, getrocknet und verbrannt		Herb, seifig bis leicht scharfe Pflanzen für Gewürzasche, enthalten Alkaloide, die derzeit als ›evtl. krebserregend‹ eingestuft werden

Nelkenwurz, Bach- *Geum rivale*
Sie steht meist in Feuchtwiesen und an Bachufern. Ihre Wurzel enthält zarte Nelköle, die sie zu einer hervorragenden Würzgemüsebeigabe für Rotkraut machen. (Siehe Seite 107)

Nelkenwurz, Echte *Geum urbanum*
Dies ist eine typische Pflanze der halbschattigen Waldwege und Siedlungsgehölze. Ihre zarten Blätter im Frühjahr ergeben mit ihrem herben Geschmack zusammen mit Taubnessel, Bärlauch und Feta eine gute Füllung für Blätterteiggebäck. (Siehe Seite 107)

Odermennig, Gemeiner *Agrimonia eupatoria*
Er wächst gerne an der besonnten Seite von Gehölzsäumen. Eine feine Getränkespezialität ist ein Tee aus seinen getrockneten Blättern zusammen mit getrockneten Brombeer- und Melisseblättern. (Siehe Seite 108)

Pappel, Zitter- *Populus tremula*
Ein Baum der Waldränder und Hecken. Ihr junges, zartes Laub wurde früher getrocknet, mit Getreidekörnern zusammen vermahlen und mit Hefe, Salz und Wasser zu Krautbrot gebackenn. (Siehe Seite 108)

Pastinak *Pastinaca sativa*
Sie kommt oft in Ruderalgesellschaften vor. Eine Spezialität sind ihre Wurzeln zusammen mit Kartoffeln gerieben, mit frischem Koriander, Salz und Pfeffer abgeschmeckt und als Bratlinge ausgebacken. (Siehe Seite 108)

Pfeilkresse *Cardaria draba*
Sie gehört zu den ersten Rohbodenbesiedlern trockener Böden und Schutt. Die getrockneten Samen sind eine wertvolle Zugabe zu Pfeffer- und Grillgewürzmischungen. (Siehe Seite 111)

Pfennigkraut *Lysimachia nummularia*
Es ist ein typischer Vertreter von Grünland- und Krautgesellschaften im Halbschatten. Seine rundlichen Blätter sind eine erfrischende Bereicherung für Bohnensalate. (Siehe Seite 112)

Pippau, Wiesen- *Crepis biennis*
Er steht vielfach auf nährstoffreichen Frischwiesen. Seine zarten Blütenspitzen ohne Blütenkelche sind eine willkommene leicht herbe Zugabe in Orangen-Eiscreme. (Siehe Seite 112)

Pestwurz, Gewöhnliche *Petasites hybridus* Korbblütlergewächse (Asteraceae)	April–Mai in Salzwasser erhitzt Mai–Juli in kleinen Mengen, getrocknet und verbrannt	Herb, seifig bis leicht scharfe Pflanze für Gewürzasche, geringe Gemüsebeigabe, enthält Alkaloide, die derzeit als ›evtl. krebserregend‹ eingestuft werden
Pestwurz, Weiße *Petasites albus* Korbblütlergewächse (Asteraceae)	April erhitzt Mai–Juli in kleinen Mengen, getrocknet und verbrannt	Herb, seifig bis leicht scharfe Pflanze für Gewürzasche, geringe Gemüsebeigabe, enthält Alkaloide, die derzeit als ›evtl. krebserregend‹ eingestuft werden
Petersilie, Garten- *Petroselinum crispum* Doldengewächse (Apiaceae)	April–Juni frisch oder erhitzt September–März erhitzt, seltener roh Juni–Juli frisch oder erhitzt	Bekannt aromatische Pflanze für Gewürze, Tee, Spirituosen, Salatbeigabe
Pfeifengras-Arten *Molinia* Süßgrasgewächse (Poaceae)	Spätsommer geröstet als Kaffee oder gekocht und passiert als Suppe/Getränk Frühjahr geröstet als Kaffee, vermahlen als Mehl, gekocht und passiert als Suppe/Getränk Frühjahr innere weißliche Triebabschnitte, frisch oder erhitzt	Stärkereiche, süßliche Graspflanzen für Gemüsebeigabe, Getränke, Kaffee
Pfeilkraut-Arten *Sagittaria* Froschlöffelgewächse (Alismataceae) (!)	Frühjahr fein geschnitten und erhitzt September–März geschält und erhitzt, vermahlen oder geröstet	Stärkereiche Wasserpflanzen für Gemüse, Mehl
Pfeilkresse *Cardaria draba* Kreuzblütlergewächse (Brassicaceae) Siehe Bild Seite 110	April–Juni frisch oder erhitzt Juli–September getrocknet Mai–Juni frisch oder eingelegt	Scharfe Pflanze für Gewürze

Pfennigkraut
Lysimachia nummularia
Primelgewächse
(Primulaceae)

April–Juli
frisch oder erhitzt/
überbrüht

Mai–Juli
frisch oder erhitzt

Säuerliche Pflanze
für Gemüse, Tee,
Salate

Siehe Bild Seite 110

Pflaumen-Arten
Prunus
Rosengewächse (Rosaceae)

Frühjahr
in kleinen Mengen fein
geschnitten, frisch oder
erhitzt/überbrüht

Sommer, z.T. Herbst
frisch, erhitzt oder eingelegt

April–Mai
kandiert oder überbrüht

Säuerliche Wildfruchtgehölze für Fruchtspeisen, Säfte, Aroma, Tee, Gemüsebeigabe; v.a. die Kerne enthalten Blausäure, Blätter und Blüten nur in sehr geringer Menge

Pimpernuss, Gemeine
Staphylea pinnata
Pimpernussgewächse
(Staphyleaceae)
(!)

August–September
frisch, erhitzt oder
geröstet

Mai–Juni
kandiert

Mild-nussige Wildfrucht für Gebäck,
Süßspeisen

Pippau, Grüner
Crepis capillaris
Korbblütlergewächse
(Asteraceae)

April–Mai
frisch oder erhitzt

Sommer
gelbe Spitze abgeschnitten als farbige Speisenbeigabe

Bitter-herbe Pflanze
als Beigabe für
Gemüse, Salate

Pippau, Löwenzahn-
Crepis vesicaria
Korbblütlergewächse
(Asteraceae)

April–Mai
frisch oder erhitzt

Sommer
gelbe Spitze ohne
Kelch als farbige Speisenbeigabe

Bitter-herbe Pflanze
als Beigabe für
Gemüse, Salate

Pippau, Wiesen-
Crepis biennis
Korbblütlergewächse
(Asteraceae)

April–Mai
frisch oder erhitzt

Sommer
gelbe Spitze ohne
Kelch als farbige Speisenbeigabe

Bitter-herbe Pflanze
als Beigabe für
Gemüse, Salate

Siehe Bild Seite 110

Platterbse, Verschiedenblättrige *Lathyrus heterophyllus*
Sie steht gerne in sonnigen Staudensäumen an Gehölzen. Die weichgekochten Samen, mit Butter, Salz, feinen Zwiebeln und Gewürzen gestampft, verarbeitete man früher als herzhaften Brotaufstrich. (Siehe Seite 114)

Platterbse, Wiesen- *Lathyrus pratensis*
Sie ist verbreitet in Grünlandwiesen. Ihre ganz jungen, noch zarten Samenschoten nutzte man, kurz mit Zwiebeln, Salz und Gewürzen gedünstet meist als Beigabe zu Reis. (Siehe Seite 114)

Portulak *Portulaca oleracea*
Er steht hin und wieder in gewöhnlichen Ruderalgesellschaften und Ackerwildkrautfluren. Er ist das mildsaftige Salatkraut mit den meisten Omega-3-Fettsäuren. (Siehe Seite 114)

Quecke, Kriechende *Elymus repens*
Sie steht meist an Wegrändern und Äckern. Einen süßlichen Aufstrich kann man aus dem großen Wurzelgeflecht gewinnen, wenn man es fein schneidet, kocht, passiert und den Sud köchelnd einreduziert. (Siehe Seite 114)

Platterbsen-Arten
Lathyrus
Schmetterlingsblütlergewächse (Fabaceae)

Siehe Bild Seite 113

Frühjahr
erhitzt, in kleinen Mengen frisch

Herbst
erhitzt

April-September
erhitzt oder geröstet als Gewürz

Frühsommer-Sommer
knospig geerntet, gekocht

Nussig-herbe Pflanzen mit Erbsenaroma als Beigabe zu Salaten, Gemüsen; Unverträglichkeiten bei dauerhafter Einnahme beobachtet

Portulak
Portulaca oleracea
Portulakgewächse (Portulacaceae)

Siehe Bild Seite 113

April–Juni
frisch, eingelegt oder erhitzt

August–Oktober
getrocknet und vermahlen als Mehl

Juni–September
knospig und erblüht, frisch oder eingelegt

Saftige, säuerliche Pflanze für Eingelegtes, Gemüse, Salate, Mehlbeimischungen

Preiselbeere
Vaccinium vitis-idaea
Heidekrautgewächse (Ericaceae)

April–Mai
überbrüht oder als Aroma

Juli–September
frisch, erhitzt/überbrüht oder getrocknet

Bekannt aromatische Wildfrucht für Fruchtspeisen, Getränke, Tee

Primel-Arten
Primula
Primelgewächse (Primulaceae)

Frühjahr
frisch oder erhitzt/überbrüht

Frühsommer–Sommer
kandiert oder eingelegt

Weiche, milde Blätter, Blüten mit Honigaroma für Salate, Gemüse, Tee, Süßspeisen, Spirituosen

Quecken-Arten
Elymus
Süßgrasgewächse (Poaceae)

Siehe Bild Seite 113

Spätsommer
geröstet als Kaffee oder gekocht und passiert als Suppe/Getränk

Frühjahr
geröstet als Kaffee, vermahlen als Mehl, gekocht und passiert als Suppe/Getränk

Frühjahr
innere weißliche Triebabschnitte, frisch oder erhitzt

Stärkereiche, süßliche Graspflanze für Gemüsebeigabe, Getränke, Kaffee

Quellbinsen-Arten
Blysmus
Riedgrasgewächse (Cyperaceae)

Spätsommer–Herbst
geröstet als Kaffee oder gekocht und passiert als Suppe/Getränk

Frühjahr
geröstet als Kaffee, vermahlen als Mehl, gekocht und passiert als Suppe/Getränk

Frühjahr
weißliche Triebabschnitte, frisch oder erhitzt

Stärkereiche, süßliche Graspflanzen für Gemüsebeigabe, Getränke, Kaffee

Pflanze	Nutzung	Beschreibung
Queller-Arten *Salicornia* Fuchsschwanzgewächse (Amaranthaceae) (!)	April–August frisch, eingelegt oder erhitzt Herbst sauer eingelegt oder vermahlen	Pfeffrig-aromatische Meerstrandpflanzen für Eingelegtes, Salate, Gemüse, Mehl
Quellgras *Catabrosa aquatica* Süßgrasgewächse (Poaceae)	Spätsommer geröstet als Kaffee oder gekocht und passiert als Suppe/Getränk Frühjahr geröstet als Kaffee, vermahlen als Mehl, gekocht und passiert als Suppe/Getränk Frühjahr innere weißliche Triebabschnitte, frisch oder erhitzt	Stärkereiche, süßliche Graspflanze für Gemüsebeigabe, Getränke, Kaffee
Quellkraut *Montia fontana* Portulakgewächse (Porulacaceae) (!)	April–Juni frisch oder erhitzt	Mild-saftige Pflanze für Gemüse, Salate
Quendel-Arten *Thymus* Lippenblütlergewächse (Lamiaceae) (!)	Frühsommer–Herbst fein geschnitten, frisch, getrocknet und erhitzt/überbrüht Sommer–Herbst frisch als Aroma und Speisendekor	Bekannt aromatische Pflanze für Gewürze, Tee, Spirituosen, Salatbeigabe
Quitten-Arten *Cydonia* Rosengewächse (Rosaceae) X	September ohne Kerne erhitzt und passiert Mai–Juni kandiert oder überbrüht	Sehr aromatische Wild-/Kultur-/Fruchtpflanzen für Getränke, Süßspeisen; Fruchtkern enthält Blausäure
Rainfarn *Tanacetum vulgare* Korbblütlergewächse (Asteraceae) X	April–Juli frisch oder erhitzt/überbrüht August–Oktober blanchiert	Pflanze mit Zitrus-Zimt-Aroma als Beigabe für Gewürze; nur gering dosiert, ätherisches Öl wirkt unverträglich

Rainkohl *Lapsana communis*
Er wächst in halbschattigen Krautgesellschaften. Früher wurden feine Rainkohlblätter in Streifen geschnitten und in den Belag von Lauchkuchen gemischt. (Siehe Seite 117)

Raps *Brassica napus*
Man findet ihn meistens verwildert aus Anbauflächen auf Schuttkrautfluren. Sehr delikat sind seine jungen, noch zart-weichen Samenschoten kurz gebraten in etwas Öl und Salz. (Siehe Seite 117)

Rauke, Ungarische *Sisymbrium altissimum*
Wir finden sie gewöhnlich in Ruderalgesellschaften. Ihre getrocknete und pulverisierte Wurzel empfiehlt sich für Gewürzmischungen mit gemahlenem Schwarzem Pfeffer oder Salz. (Siehe Seite 117)

Rebe, Wein- *Vitis vinifera*
Sie ist meistens an warmen Standorten aus Kultur verwildert. Neben den bekannten Früchten sind auch die Blätter eine traditionelle Spezialität im Mittelmeerraum als Blattrouladen und Marinadengewürz. (Siehe Seite 118)

Rainkohl
Lapsana communis
Korbblütlergewächse (Asteraceae)

April–Juni
frisch oder erhitzt

Juni–August
frisch ausgezupft oder fein geschnitten

Herbe Pflanze als Beigabe für Salate, Gemüse

Siehe Bild Seite 116

Raps-Arten
Brassica
Kreuzblütlergewächse (Brassicaceae)

(!)

März–Mai
frisch oder erhitzt

August–September
ausgepresst als Öl

Frühjahr
erhitzt

Sommer
sehr jung, unreif geerntet, frisch oder erhitzt

März–Juni
frisch oder eingelegt

Senfölhaltige Pflanzen für Gemüse, Öl, Eingelegtes

Siehe Bild Seite 116

Rapsdotter-Arten
Rapistrum
Kreuzblütlergewächse (Brassicaceae)

(!)

April–Mai
frisch oder erhitzt

Frühsommer
frisch oder eingelegt

Pflanzen mit Kohl-Kresse-Aroma für Salate, Gemüse, Gewürze

Rauken-Arten
Sisymbrium
Kreuzblütlergewächse (Brassicaceae)

(!)

April–Juni
a) blanchiert oder erhitzt, b) in kleinen Mengen frisch

August–September
vermaischt oder vermahlen als Senf

September–März
fein geschnitten als Gewürz, frisch oder erhitzt

Frühsommer
knospig geerntet, gekocht

Scharf-würzige Pflanzen für Gemüse, Gewürze, Senfbeimischungen

Siehe Bild Seite 116

Rauschbeere
Vaccinium uliginosum
Heidekrautgewächse (Ericaceae)

(X)

April–Juni
überbrüht oder als Aroma

August-September
frisch oder erhitzt

Sauer-aromatische Wildfrucht für Fruchtspeisen; Blätter für Tee; ein den Früchten vermutlich anhaftender Pilz kann in großen Mengen unverträglich wirken

Raute, Wein-
Ruta graveolens
Rautengewächse (Rutaceae)

(X) (!)

April–August
nur in geringen Mengen als Aroma

Juni–August
nur in geringen Mengen als Aroma

Stark aromatische Pflanze für Gewürze; kann reizend und narkotisierend wirken

Reben-Arten *Vitis* Weinrebengewächse (Vitaceae) (!) Siehe Bild Seite 116	März–Mai frisch, erhitzt, oder eingelegt September gepresst als Öl oder geröstet	September frisch, erhitzt vergoren Juni–Juli frisch, kandiert, eingelegt März–April gepresst zu Saft	Bekannt aromatische Pflanze für Fruchtspeisen, Getränke, Gewürze, Öl, Kaffee, Spirituosen, Sauerkraut
Reiherschnabel, Schierlings- *Erodium cicutarium* Storchschnabelgewächse (Geraniaceae) Siehe Bild Seite 119	März–Mai fein geschnitten, frisch oder erhitzt		Behaarte, leicht herbe Pflanze für Gemüse, Feinschnittkräutermischungen
Reitgras-Arten *Calamagrostis* Süßgrasgewächse (Poaceae) (!)	Spätsommer geröstet als Kaffee oder gekocht und passiert als Suppe/Getränk Frühjahr geröstet als Kaffee, vermahlen als Mehl,	gekocht und passiert als Suppe/Getränk Frühjahr innere weißliche Triebabschnitte, frisch oder erhitzt	Stärkereiche, süßliche Graspflanzen für Gemüsebeigabe, Getränke, Kaffee
Reseden-Arten *Reseda* Resedengewächse (Resedaceae) (!)	April–Mai frisch oder erhitzt Juni–August frisch, erhitzt oder eingelegt		Pflanzen mit Kresse-Aroma für Salatbeigabe, Gemüse, Gewürze
Rettich, Acker- *Raphanus raphanistrum* Kreuzblütlergewächse (Brassicaceae) Siehe Bild Seite 119	März–April frisch oder erhitzt September–Oktober vermaischt oder vermahlen als Senf/Öl	Juli–August unreif, noch weich geerntet, frisch, erhitzt oder eingelegt Juni–August knospig und erblüht, frisch oder erhitzt	Pflanze mit Retticharoma für Salate, Gemüse, Speisendekor, Öl, Senf
Ringelblume, Acker- *Calendula arvensis* Korbblütlergewächse (Asteraceae) !	Mai–Oktober a) farbiger Speisendekor, frisch oder getrocknet zu Tee, b) als Knospen eingelegt		Milde Pflanze mit dekorativen Blüten als Beigabe zu diversen Speisen

Reiherschnabel, Schierlings- *Erodium cicutarium*
Er wächst zumeist auf lockeren, sandigen Flächen. Junge, kleine Blätter wurden früher als Dekoration für pürierte Erbsensuppen gebraucht. (Siehe Seite 118)

Rettich, Acker- *Raphanus raphanistrum*
Er steht häufig als Wildkraut in Getreidefeldern. Seine jungen Triebe schärfen als geschmackskräftige Beigabe diverse Kräuterbeilagen und Salate. (Siehe Seite 118)

Rippensame, Österreichischer
Pleurospermum austriacum
Er liebt sonnige Gehölzränder. Seine großen Blätter bieten sich für einen guten Gemüsefond an. Sie werden samt Stiel mit Selleriewurzeln und Möhren lange ausgekocht und herauspassiert. (Siehe Seite 121)

Robinie *Robinia pseudoacacia*
Wir finden sie des Öfteren an Böschungen und Wegen und in Forsten. Ihre aromatischen Blüten sind eine Delikatesse, mit Teig ummantelt, in Öl ausgebacken und mit Puderzucker und Zimt serviert. (Siehe Seite 121, Unverträglichkeit/Giftigkeit beachten)

Rohrkolben, Breitblättriger *Typha latifolia*
Markante Pflanze der Großseggensümpfe und Röhrichtflächen. Die dicken, faserreichen Wurzeln werden kleingeschnitten, ausgekocht und passiert. Der cremige Sud ergibt in Milchspeiseeis gerührt ein feines Dessert. (Siehe Seite 121)

Rose, Feld- *Rosa arvensis*
Sie steht häufig in Nachbarschaft zur Hainbuche an Laubwaldsäumen. Ihre Blütenblätter geben Dessertgerichten ein zartes Aroma. Sie werden dazu in Cremes oder Fruchtzubereitungen mitgekocht. (Siehe Seite 121)

Rührmichnichtan, Echtes *Impatiens noli-tangere*
Es ist heimisch in Laubwäldern und Gebüschen.
Seine Blütenknospen wurden früher in Olivenöl, Majoran und Knoblauch mit Salz eingelegt. (Siehe Seite 122, Unverträglichkeit/Giftigkeit beachten)

Salbei, Klebriger *Salvia glutinosa*
Er ist in Gebüschen und Laubwäldern zuhause. Für ein besonderes Aroma empfehlen sich seine Blätter als Einlage in Weißwein. (Siehe Seite 123)

Rippenfarn *Blechnum spicant* Rippenfarngewächse (Blechnaceae)	September–März erhitzt April–Juli erhitzt		Stärkereiche Pflanze für Gemüse; etwas behaart
Rippensame, Österreichischer *Pleurospermum austriacum* Doldengewächse (Apiaceae) Siehe Bild Seite 119	April–Juni fein geschnitten, frisch oder erhitzt		Pflanze mit Kerbel- aroma als Beigabe für Salate, Gemüse
Rispengras-Arten *Poa* Süßgrasgewächse (Poaceae) (!)	Spätsommer geröstet als Kaffee oder gekocht und passiert als Suppe/Getränk Frühjahr geröstet als Kaffee, ver- mahlen als Mehl,	gekocht und passiert als Suppe/Getränk Frühjahr innere weißliche Trieb- abschnitte, frisch oder erhitzt	Stärkereiche, süßliche Graspflanzen für Gemüsebeigabe, Getränke, Kaffee
Robinie *Robinia pseudoacacia* Schmetterlingsblütler- gewächse (Fabaceae) X Siehe Bild Seite 119	April–Juni in kleinen Mengen fein geschnitten, erhitzt Juni–Juli a) kleine Mengen unreif, noch weich geerntet, ausgekocht,	b) geröstet als Kaffee Juni–September knospig und erblüht, erhitzt als Aroma und eingelegt oder kandiert	Pflanze mit Bohnen- aroma für Gemüse- beigabe, Süßspeisen, Kaffee; aromareiche Blüten; Vorsicht! Alles sehr lange stark kochen, frisch giftig
Rohrkolben-Arten *Typha* Rohrkolbengewächse (Typhaceae) (!) Siehe Bild Seite 120	Spätsommer geröstet als Kaffee Frühjahr geröstet als Kaffee, ver- mahlen als Mehl, gekocht und passiert als Suppe/Getränk	Juli Blütenstaub zu Mehl Frühjahr innere weißliche Trieb- abschnitte, frisch oder erhitzt	Stärkereiche, süß- liche Graspflanzen für Gemüsebeigabe, Kaffee, Mehl- beimischungen, Getränke
Rosen-Arten *Rosa* Rosengewächse (Rosaceae) (!) Siehe Bild Seite 120	April–Juni fein geschnitten und erhitzt September–Oktober überbrüht, geröstet und vermahlen	Herbst frisch, erhitzt oder getrocknet und überbrüht Sommer frisch, erhitzt, eingelegt, kandiert oder überbrüht	Angenehm sauer- aromatische Wild- fruchtsträucher für Süßspeisen, Aroma, Tee, Kaffee, Gemüsebeigabe, Spirituosen

Pflanze	Verwendung	Verwendung	Hinweise
Rosenwurz *Rhodiola rosea* Dickblattgewächse (Crassulaceae) !	April–Juni erhitzt März–April fein geschnitten, erhitzt oder eingesäuert, seltener roh	April–Juni erhitzt	Saftig-mildaromatische Pflanze für Eingelegtes, Gemüse
Rosskastanie *Aeculus hippocastanum* Seifenbaumgewächse (Sapindaceae) X	April in kleinen Mengen, getrocknet	August–September vermahlen, mehrfach ausgekocht und gewässert als Mehlbeimischungen	Blätter für herbe Gewürze, Früchte enthalten Seifenstoffe; unverarbeitete Früchte können Übelkeit hervorrufen
Rosskümmel *Laser trilobum* Doldengewächse (Apiaceae) !	April–Mai frisch oder erhitzt August–September getrocknet oder eingelegt	April–Mai von groben Fasern befreit, frisch oder erhitzt	Würzige Pflanze für Salatbeigaben, Gewürze, Getränke
Rüben-Arten *Brassica* Kreuzblütlergewächse (Brassicaceae) (!)	März–Mai frisch oder erhitzt August–September ausgepresst als Öl Frühjahr erhitzt	Sommer sehr jung, unreif geerntet, frisch oder erhitzt März–Juni frisch oder eingelegt	Senfölhaltige Pflanzen für Gemüse, Öl
Ruchgras, Gewöhnliches *Anthoxanthum odoratum* Süßgrasgewächse (Poaceae) X	April–Mai angetrocknet und eingelegt September–März vermahlen als Schnupftabak	Frühjahr innere weißliche Triebabschnitte als Nascherei	Süßaromatische Pflanze, cumarinhaltig, hohe Dosen können Kopfschmerzen erzeugen
Rührmichnichtan-Arten *Impatiens* Springkrautgewächse (Balsaminaceae) X Siehe Bild Seite 120	April–Juni kleine Mengen, mehrfach ausgekocht September frisch, geröstet oder gepresst	Juli–September frisch als farbige Speisenbeigabe	Samen mit Walnussaroma für Gebäck, Süßspeisen, Öl; stumpf schmeckendes Kraut, wirkt roh abführend

Salbei-Arten
Salvia
Lippenblütlergewächse
(Lamiaceae)

(!)

[Blatt] Frühjahr
fein geschnitten, frisch und erhitzt

[Blüte] Sommer
frisch als Aroma und Speisendekor

Würzig-aromatische Pflanzen für Gewürze, Tee, Speisendekor

Siehe Bild Seite 120, 125

Salzkraut, Kali-
Salsola kali
Fuchsschwanzgewächse
(Amaranthaceae)

(X)

[Blatt] April
nur jüngste Triebe in geringen Mengen frisch, erhitzt oder eingelegt

Salzreiche, aromatische Pflanze für Gemüse, Salate; enthält Salsolin, größere Mengen können unverträglich wirken

Salzmiere
Honckenya peploides
Nelkengewächse
(Caryophyllaceae)

[Blatt] April–Juli
frisch, eingesäuert oder erhitzt

[Blüte] Juni–Juli
frisch oder erhitzt

Milde Pflanze mit fleischigen Blättern für Gemüse, Salate, sauer Eingelegtes

Siehe Bild Seite 125

Salzschwaden-Arten
Puccinellia
Süßgrasgewächse (Poaceae)

(!)

[Samen] Spätsommer
geröstet als Kaffee oder gekocht und passiert als Suppe/Getränk

[Wurzel] Frühjahr
geröstet als Kaffee, vermahlen als Mehl, gekocht und passiert als Suppe/Getränk

[Trieb] Frühjahr
innere weißliche Triebabschnitte, frisch oder erhitzt

Stärkereiche Graspflanzen für Gemüsebeigabe, Getränke, Kaffee

Sanddorn
Hippophae rhamnoides
Ölweidengewächse
(Elaeagnaceae)

[Frucht] September–Oktober
frisch, erhitzt oder eingelegt

Bekannte, sauer-aromatische Wildfrucht für Fruchtspeisen, Getränke

Siehe Bild Seite 125

Sandglöckchen-Arten
Jasione
Glockenblumengewächse
(Campanulaceae)

(!)

[Blatt] April–Juli
kleine Mengen frisch oder erhitzt

[Wurzel] September–März
kleine Mengen erhitzt, seltener roh

[Blüte] Juni-September
farbiger Speisendekor, frisch

Selten genutzte Pflanzen (meist in Notzeiten) als Beigabe für Salate, Gemüse

Pflanze	Verwendung	Verwendung	Hinweise
Sandkraut, Quendel- *Arenaria serpyllifolia* Nelkengewächse (Caryophyllaceae)	März–Mai fein geschnitten, frisch oder erhitzt		Pflanze mit mildem Geschmack als Beigabe zu Salat und Gemüse
Sauerklee-Arten *Oxalis* Sauerkleegewächse (Oxalidaceae) Siehe Bild Seite 125	April–September frisch April–September mehrfach ausgekocht	Frühjahr, z.T. bis Herbst frisch als Aroma und Speisendekor	Säuerlich schmeckende Pflanze für Gewürze, Gemüsebeigabe; oxalsäurehaltig, Verzehr nur kleiner Mengen
Säuerling *Oxyria digyna* Knöterichgewächse (Polygonaceae) Siehe Bild Seite 126	April–Juni frisch, erhitzt oder eingesäuert		Säuerlich schmeckende Pflanze für Salatbeigabe, Gewürze, Gemüsebeigabe, Sauerkraut; oxalsäurehaltig, Verzehr nur kleiner Mengen
Schachtelhalm, Acker- *Equisetum arvense* Schachtelhalmgewächse (Equisetaceae) Siehe Bild Seite 126	März–April erhitzt oder überbrüht September–März Wurzelknollen erhitzt	März–April brauner blattloser Trieb, fein geschnitten, erhitzt oder eingesalzen	Kieselsäurehaltige, herbe und derbe Pflanze für Tee, kleine Gemüsebeigaben
Schafgarbe, Gemeine *Achillea millefolium* Korbblütlergewächse (Asteraceae) Siehe Bild Seite 126	März–Mai frisch oder getrocknet Juni–September frisch oder getrocknet		Würzige Pflanze für Salate, Gewürze, Getränke, Rauchtabak
Schafgarbe, Sumpf- *Achillea ptarmica* Korbblütlergewächse (Asteraceae) Siehe Bild Seite 126	März–Juni frisch oder erhitzt		Im Jugendstadium mildwürzige Pflanze als Beigabe für Salat, Gemüse

Salbei, Wiesen- *Salvia pratensis*
Er steht gerne auf mageren Wiesen. Seine stark färbenden Blüten ergeben einen intensiv pinkfarbenen Tortenguss. Der Sud ausgekochter Blüten wird mit Stärke eingedickt und abgekühlt. (Siehe Seite 123)

Salzmiere *Honckenya peploides*
Sie ist in der Salzwasser- und Meeresstrandvegetation angesiedelt. Eine Spezialität sind angeblich ihre unter Luftabschluss eingesäuerten Blätter als eine Art Sauerkraut. (Siehe Seite 123)

Sanddorn *Hippophae rhamnoides*
Mit anderen Sträuchern bildet er gerne Waldmantelgebüsche und Hecken. Seine sauren Früchte werden gerne entsaftet und gesüßt oder ungesüßt mit Mineralwasser als erfrischende Limonade aufgegossen. (Siehe Seite 123)

Sauerklee, Wald- *Oxalis acetosella*
Er mag vor allem Wälder mit überwiegend Nadelbäumen. Seine herzförmigen Blätter sind in kleinen Mengen eine erfrischende Delikatesse in Kartoffel- und Getreidebeilagen. (Siehe Seite 124, Unverträglichkeit/Giftigkeit beachten)

Säuerling *Oxyria digyna*
Er wächst bevorzugt auf Steinschutt- und Geröllfluren. Seine sauer-fleischigen Blätter sind in kleinen Mengen eine feine, nachträgliche Beigabe zu Rote-Beete-Salaten. (Siehe Seite 124, Unverträglichkeit/Giftigkeit beachten)

Schachtelhalm, Acker- *Equisetum arvense*
Er wächst gerne in nährstoffreichen Krautfluren. Die braunen sporentragenden Triebe wurden früher grob geschnitten, gekocht und anschließend mit Salz als markantes Würzgemüse für Marinaden eingestampft. (Siehe Seite 124)

Schafgarbe, Gemeine *Achillea millefolium*
Sie ist eine typische Pflanze für Wiesen, Weiden und Wegränder. Ihre zarten, feinzerteilten Blätter sind eine hervorragend würzige Salatstreu und Dekoration im April, am besten erntefrisch und leicht feingehackt. (Siehe Seite 124)

Schafgarbe, Sumpf- *Achillea ptarmica*
Sie ist auf feuchten Wiesen und an Bachufern zuhause. Im Sommer können ihre Blüten ausgekocht werden. Der Sud wird mit Zucker oder Honig etwas eingedickt und abgekühlt. Zusammen mit kühlem Sprudelwasser ergibt sich eine leckere Limonade. (Siehe Seite 124)

Schafgarbe, Ungarische Wiesen- *Achillea pannonica* Korbblütlergewächse (Asteraceae)	April–Juli getrocknet		Herb-aromatische Pflanze für Rauchtabak
Scharbockskraut *Ranunculus ficaria* Hahnenfußgewächse (Ranunculaceae) Siehe Bild Seite 129	März–April nur vor der Blüte frisch, erhitzt oder eingelegt April Brutknöllchen in kleinen Mengen frisch, erhitzt, eingelegt oder vermahlen	April Wurzelknöllchen in kleinen Mengen frisch, erhitzt, eingelegt oder vermahlen März–April knospig geerntet, eingelegt	Leicht herbe Pflanze für Gemüse, Salate, Eingelegtes, Mehl; in großen Mengen unverträglich
Schaumkraut-Arten *Cardamine* Kreuzblütlergewächse (Brassicaceae) Siehe Bild Seite 129	März–Mai frisch, erhitzt, oder getrocknet Juli–September gepresst	Frühjahr–Sommer frisch oder eingelegt	Senfölhaltige Pflanzen für Salate, Gemüse, Öl, Senf, Gewürze
Schaumkresse-Arten *Cardaminopsis* Kreuzblütlergewächse (Brassicaceae)	März–Mai frisch oder erhitzt Juni–September frisch oder eingelegt	April–Juli knospig oder erblüht frisch oder eingelegt	Pflanzen mit Kresse-aroma für Salate, Gemüse
Scheinerdbeere *Duchesnea indica* Rosengewächse (Rosaceae)	August kleine Mengen frisch oder erhitzt		Erdbeerähnliche, kaum aromatische Wildfrucht für Fruchtspeisen; große Mengen können leicht abführend wirken
Schildfarn-Arten *Polystichum* Schildfarngewächse (Polystichaceae)	April–Mai abgerieben und erhitzt September–März geröstet		Nach Süssholz schmeckende Wurzel für Aroma, Süßspeisen; Blätter als Gemüsebeigabe

Pflanze	Verwendung		Beschreibung
Schilf-Arten *Phragmites* Süßgrasgewächse (Poaceae) Siehe Bild Seite 130	Spätsommer geröstet als Kaffee oder gekocht und passiert als Suppe/Getränk Frühjahr geröstet als Kaffee, vermahlen als Mehl,	gekocht und passiert als Suppe/Getränk Frühjahr innere weißliche Triebabschnitte, frisch oder erhitzt	Stärkereiche, süßliche Graspflanzen für Gemüsebeigabe, Getränke, Kaffee
Schillergras-Arten *Koeleria* Süßgrasgewächse (Poaceae) (!)	Spätsommer geröstet als Kaffee oder gekocht und passiert als Suppe/Getränk Frühjahr geröstet als Kaffee, vermahlen als Mehl,	gekocht und passiert als Suppe/Getränk Frühjahr innere weißliche Triebabschnitte, frisch oder erhitzt	Stärkereiche, süßliche Graspflanzen für Gemüsebeigabe, Getränke, Kaffee
Schlangenwurz *Bistorta officinalis* Knöterichgewächse (Polygonaceae) Siehe Bild Seite 130	März–April frisch oder erhitzt Mai–Juni erhitzt als Gemüse oder vermahlen als Mehl		Säuerliche, stärkereiche Pflanze für Gemüse, Salatbeigabe
Schlehe *Prunus spinosa* Rosengewächse (Rosaceae) (X) Siehe Bild Seite 130	Frühjahr in kleinen Mengen fein geschnitten, frisch oder erhitzt/überbrüht Sommer, z.T. Herbst frisch, erhitzt oder eingelegt	April–Mai kandiert oder überbrüht	Säuerliche Wildfrucht für Fruchtspeisen, Säfte, Aroma, Tee, Gemüsebeigabe; v.a. die Kerne enthalten Blausäure, Blätter und Blüten nur in sehr geringer Menge
Schleifenblumen-Arten *Iberis* Kreuzblütlergewächse (Brassicaceae) (!)	April–Juni frisch oder erhitzt August–September vermaischt oder vermahlen als Senf	April–Mai knospig und erblüht, frisch oder erhitzt	Pflanzen mit Kresse-aroma für Salate, Gemüse, Senf
Schlickgras, Salz- *Spartina anglica* Süßgrasgewächse (Poaceae)	Spätsommer geröstet als Kaffee oder gekocht und passiert als Suppe/Getränk Frühjahr geröstet als Kaffee, vermahlen als Mehl,	gekocht und passiert als Suppe/Getränk Frühjahr innere weißliche Triebabschnitte, frisch oder erhitzt	Stärkereiche, süßliche Graspflanze für Gemüsebeigabe, Getränke, Kaffee

Scharbockskraut *Ranunculus ficaria*
Eine kurzweilige Frühjahrspflanze in Laubwäldern und Gebüschen. Als eines der ersten frischen Kräuter im Jahr galten ihre Blätter früher als willkommene, vitaminreiche Salatbeigabe. (Siehe Seite 127, Unverträglichkeit/Giftigkeit beachten)

Schaumkraut, Vielstängeliges *Cardamine hirsuta*
Man sieht es oft an Äckerrändern und Krautgesellschaften im Halbschatten. Die hervorragend schmeckenden, kresseartigen Blätter sind eine außergewöhnlich reiche Vitaminquelle, frisch geerntet und feingehackt auf Butter- oder Käsebroten. (Siehe Seite 127)

Schaumkraut, Wiesen- *Cardamine pratensis*
Typischer Standort sind Grünlandgesellschaften und Wiesen an Gehölzrändern. Die Blüten, Blütenknospen und zarte, junge Triebspitzen ergeben mit Senfsaat, Öl, Salz und Essig püriert eine besondere Würzspezialität. (Siehe Seite 127)

Schaumkraut, Zwiebeltragendes *Cardamine bulbifera*
Es steht gerne in Buchen-Mischwäldern. Die Blattachsel-Zwiebeln sind ein feiner Genuss als eine Art Pesto mit gerösteten Nüssen und Salz in Öl. (Siehe Seite 127)

Schilf, Gemeines *Phragmites australis*
Die bekannte Pflanze der Röhrichte und Sümpfe. Die inneren Schichten jüngster Schilftriebe schmecken sehr delikat in asiatischen Pilzsaucen zu Reis. (Siehe Seite 128)

Schlangenwurz *Bistorta officinalis*
Ihr typischer Wuchsort sind zumeist nährstoffreiche Feuchtwiesen. Ihre sauren Blätter frisch und fein geschnitten in Grießknödelteig eingearbeitet und in Suppen gekocht, sind ein besonderer Leckerbissen. (Siehe Seite 128)

Schlehe *Prunus spinosa*
Sie ist ein bekannter Strauch der Waldmantelgebüsche und Hecken. Die Früchte gelten als schmackhafte ›Oliven des Nordens‹. Dazu werden sie über Wochen in Salzlake und anschließend in Ölmarinade eingelegt. (Siehe Seite 128, Unverträglichkeit/Giftigkeit beachten)

Schmalwand, Acker- *Arabidopsis thaliana*
Sie steht gerne auf lockeren Sand- und Felsrasen. Zarte würzige Triebe und Blütenknospen ergeben zusammen mit etwas Salz, Pfeffer und Butter eine delikate Grillbutter. (Siehe Seite 131)

Schlüsselblumen-Arten *Primula* Primelgewächse (Primulaceae) (!)	Frühjahr frisch oder erhitzt/überbrüht Frühsommer–Sommer kandiert oder eingelegt		Weiche, milde Blätter, Blüten mit Honigaroma für Salate, Gemüse, Tee, Süßspeisen, Spirituosen
Schmalwand-Arten *Arabidopsis* Kreuzblütlergewächse (Brassicaceae) Siehe Bild Seite 130	März–Mai fein geschnitten, frisch oder erhitzt April–Mai frisch oder eingelegt		Pflanzen mit Kresse-aroma für Salate, Gemüse
Schmerwurz *Tamus communis* Yamswurzgewächse (Dioscoreaceae) (X)	April–Mai fein geschnitten und mehrfach ausgekocht		Bittere, leicht scharfe Pflanze als Beigabe für Gemüse;wirkt unverarbeitet unbekömmlich
Schmielen-Arten *Deschampsia* Süßgrasgewächse (Poaceae) (!)	Spätsommer geröstet als Kaffee oder gekocht und passiert als Suppe/Getränk Frühjahr geröstet als Kaffee, vermahlen als Mehl,	gekocht und passiert als Suppe/Getränk Frühjahr innere weißliche Triebabschnitte, frisch oder erhitzt	Stärkereiche, süßliche Graspflanzen für Gemüsebeigabe, Getränke, Kaffee
Schmielenhafer-Arten *Aira* Süßgrasgewächse (Poaceae) (!)	Spätsommer a) geröstet, b) gekocht und passiert Frühjahr gekocht und passiert oder vermahlen als Mehl	Frühjahr innere weißliche Triebabschnitte als Nascherei	Stärkereiche Graspflanzen für Mehl, Gemüsebeigabe, Röstkaffee, Getränke, Suppen
Schneckenklee-Arten *Medicago* Schmetterlingsblütlergewächse (Fabaceae) Siehe Bild Seite 133	März–Mai frisch oder erhitzt Herbst frisch oder als Keimsaat	Frühjahr–Sommer frisch, erhitzt oder getrocknet und vermahlen	Pflanzen mit Bohnenaroma, z.T. leicht bitter für Salatbeigabe, Gemüse, Mehlbeimischungen; ggf. mehrfach überbrühen zum Entbittern

Schneeball, Gewöhnlicher *Viburnum opulus* Moschuskrautgewächse (Adoxaceae) (X)	September reif geerntet, frisch oder erhitzt (Überreife erzeugt unangenehmen Geschmack)		Bitter-saure Wildfrucht als Aroma, Beigabe für Fruchtspeisen; unreife Früchte, Blätter, Rinde wirken unverträglich
Schnittlauch *Allium schoenoprasum* Lauchgewächse (Alliaceae) siehe Bild Seite 87	März–Mai fein geschnitten, frisch oder erhitzt Juli–August würziger Dekor frisch oder erhitzt	August-März fein geschnitten, frisch oder erhitzt Sommer würziger Dekor frisch oder erhitzt	Pflanze mit Zwiebel-Lauch-Aroma für Gemüse, Feinschnittkräutermischungen
Schwaden-Arten *Glyceria* Süßgrasgewächse (Poaceae) (!)	Spätsommer vermahlen als Mehl, geröstet als Kaffee oder gekocht und passiert als Suppe/Getränk Frühjahr geröstet als Kaffee,	vermahlen als Mehl, gekocht und passiert als Suppe/Getränk Frühjahr innere weißliche Triebabschnitte, frisch oder erhitzt	Stärkereiche, süßliche Graspflanzen für Mehl, Gemüsebeigabe, Getränke, Kaffee
Schwanenblume, Doldige *Butomus umbellatus* Schwanenblumengewächse (Butomaceae) (!)	Mai–Juni erhitzt als Gemüse, vermahlen als Mehl oder geröstet		Stärkereiche Pflanze für Wurzelgemüse, Kaffee, Mehl
Schwarzwurzel-Arten *Scorzonera* Korbblütlergewächse (Asteraceae) (!)	April–Mai frisch oder erhitzt September–März erhitzt		Stärkereiche, bekannt mildaromatische Pflanzen für Gemüse, Salate
Schwingel-Arten *Festuca* Süßgrasgewächse (Poaceae) (!)	Spätsommer geröstet als Kaffee oder gekocht und passiert als Suppe/Getränk Frühjahr geröstet als Kaffee, vermahlen als Mehl,	gekocht und passiert als Suppe/Getränk Frühjahr innere weißliche Triebabschnitte, frisch oder erhitzt	Stärkereiche, süßliche Graspflanzen für Gemüsebeigabe, Getränke, Kaffee

Schneckenklee, Hopfen- *Medicago lupulina*
Kalkreiche Magerrasen sind sein bevorzugter Standort. Seine Blütenköpfe werden gerne zusammen mit Rotkleeblüten, etwas Mehl und Salz zu feinem Knäckebrot gebacken. (Siehe Seite 131)

Schneeball, Gewöhnlicher *Viburnum opulus*
In feuchten Gebüschen an Waldrändern und Gewässerufern findet man diese Wildfrucht. Sie ergibt ausgereift und erhitzt eine herbe Beigabe zu Wildfruchtmarmeladen. (Siehe Seite 132)

Senf, Acker- *Sinapis arvensis*
Er ist häufiges Beikraut an Getreideäckern. Seine scharfen Samen sind bekannt als Keimsaat auf der Fensterbank. Sie liefern frische Würze und Vitamine im Winter. (Siehe Seite 135)

Serradella, Gewöhnliche *Ornithopus sativus*
Lockere Sand- und Felsrasen sind ihr ein guter Standort. Zarte, noch weiche Blätter werden als Einzelblättchen abgezupft und in vitalstoffreiche Kräutersalate eingemischt, z.B. mit jungem Kerbel und Fenchel. (Siehe Seite 135)

Silberblatt, Garten- *Lunaria annua*
Es steht zerstreut in Ruderalgesellschaften. Seine zarten Blätter werden quer zur Faser in dünne Streifen geschnitten und können gut in Risotto und Maispolenta mit erhitzt werden. (Siehe Seite 136)

Skabiose, Glänzende *Scabiosa lucida*
Sie ist auf steinigen Flächen verbreitet. Ihre Blüten sind ausgezupft eine aparte, essbare Dekoration in Feldsalaten. Sie werden vor dem Servieren über die einzelnen Salatportionen gestreut. (Siehe Seite 138)

Sonnenblume, Gemeine *Helianthus annus*
Sie befindet sich vielfach aus Kulturen verwildert auf Schuttunkrautfluren. Ihre großen Blätter wurden früher als Mantelgemüse für Krautwickelgerichte verwendet. (Siehe Seite 138)

Sonnenröschen, Alpen- *Helianthemum alpestre*
Es wächst gerne auf steinigen Untergründen im Gebirge. Wie kleine Sonnen scheinen die Blüten in den Himmel und sind eine sehr sonnige, feine Speisendekoration für Tomaten-Paprika-Salate. (Siehe Seite 138)

Pflanze	Verwendung	Verwendung	Beschreibung
Schwingelschilf *Scolochloa festucacea* Süßgrasgewächse (Poaceae)	Spätsommer geröstet als Kaffee oder gekocht und passiert als Suppe/Getränk Frühjahr geröstet als Kaffee, vermahlen als Mehl,	gekocht und passiert als Suppe/Getränk Frühjahr innere weißliche Triebabschnitte, frisch oder erhitzt	Stärkereiche, süßliche Graspflanze für Gemüsebeigabe, Getränke, Kaffee
Seegras, Gemeines *Zostera marina* Seegrasgewächse (Zosteraceae) (!)	Frühjahr frisch oder gekocht und passiert als Suppe/Getränk	Frühjahr unterste, weißliche Triebabschnitte, frisch oder erhitzt	Milde, faserig-saftige Wasserpflanze als Beigabe für Gemüse, Salate
Segge-Arten *Carex* Riedgrasgewächse (Cyperaceae) (!)	Spätsommer geröstet als Kaffee oder gekocht und passiert als Suppe/Getränk Frühjahr geröstet als Kaffee, vermahlen als Mehl, gekocht	und passiert als Suppe/Getränk Frühjahr innere weißliche Triebabschnitte, frisch oder erhitzt	Stärkereiche, süßliche Graspflanzen für Gemüsebeigabe, Getränke, Kaffee
Senf-Arten *Sinapis* Kreuzblütlergewächse (Brassicaceae) (!) Siehe Bild Seite 133	April–Juni a) blanchiert oder erhitzt, b) in kleinen Mengen frisch August–September vermaischt oder vermahlen als Senf	Frühsommer knospig geerntet, gekocht	Pflanzen mit scharfem Senfaroma für Senf, Gemüse, Gewürze, Salatbeigabe
Senf, Schwarzer *Brassica nigra* Kreuzblütlergewächse (Brassicaceae) (!)	März–Mai frisch oder erhitzt August–September gepresst als Öl/Senf Frühjahr erhitzt	Sommer sehr jung, unreif geerntet, frisch oder erhitzt März–Juni frisch oder eingelegt	Senfölhaltige Pflanze für Gemüse, Öl, Senf
Serradella-Arten *Ornithopus* Schmetterlingsblütlergewächse (Fabaceae) (!) Siehe Bild Seite 133	Mai–Juni frisch oder erhitzt Sommer getrocknet und vermahlen		Pflanzen mit Bohnenaroma für Salatbeigabe, Gemüse, Mehlbeimischungen

Pflanze			Verwendung
Sichelklee-Arten *Medicago* Schmetterlingsblütlergewächse (Fabaceae) (!)	März–Mai frisch oder erhitzt Herbst frisch oder als Keimsaat	Frühjahr–Sommer frisch, erhitzt oder getrocknet und vermahlen	Pflanzen mit Bohnenaroma, z.T. leicht bitter für Salatbeigabe, Gemüse, Mehlbeimischungen; ggf. mehrfach überbrühen zum Entbittern
Sigmarswurz *Malva alcea* Malvengewächse (Malvaceae) (!)	April–Mai frisch oder erhitzt September–März fein geschnitten, erhitzt, seltener roh	Juli–August unreif, noch weich geerntet und eingelegt Sommer–Herbst knospig und erblüht, frisch oder erhitzt/überbrüht	Milde, schleimstoffhaltige Pflanze für Salate, Gemüse, Tee
Silberblatt-Arten *Lunaria* Kreuzblütlergewächse (Brassicaceae) (!) Siehe Bild Seite 134	Frühjahr frisch oder erhitzt Juni–Juli unreif, noch weich geerntet und eingelegt	Mai–Juni frisch oder eingelegt	Pflanzen mit leichtem Rucolaaroma für Salate, Gemüse, Gewürze
Silberdistel-Arten *Carlina* Korbblütlergewächse (Asteraceae) (!)	April–Juni frisch oder erhitzt Herbst gepresst als Öl September–März fein geschnitten, frisch oder erhitzt	Blütenboden, frisch oder erhitzt April–Juni frisch oder erhitzt	Mild schmeckende, von Stacheln zu befreiende Pflanzen für Gemüse, Salate, Mehl, Öl
Silberwurz *Dryas octopetala* Rosengewächse (Rosaceae)	Sommer April–Juni getrocknet und überbrüht		Derbe, aromatische Teekrautpflanze
Simse-Arten *Scirpus* Riedgrasgewächse (Cyperaceae) (!)	Spätsommer geröstet als Kaffee oder gekocht und passiert als Suppe/Getränk	Frühjahr geröstet als Kaffee, vermahlen als Mehl, gekocht und passiert als Suppe/Getränk	Stärkereiche, süßliche Graspflanzen für Gemüsebeigabe, Getränke, Kaffee

Spargel, Gemüse- *Asparagus officinalis*
Man findet ihn auf lockeren Sandrasen. Er ist eine bekannte Gemüsedelikatesse, die als zartes grünes Gemüse oder durch Erdhäufelung als gebleichtes Gemüse angeboten wird. (Siehe Seite 139)

Spornblume, Rote *Centranthus ruber*
Sie steht meist in Krautgesellschaften an warmen Mauern. Die zarten Blätter am Grund, vor dem Emporwachsen des Haupttriebes, wurden früher als Zugabe zu Feldsalat mit feinen Zwiebelwürfeln und Rahmdressing verwendet. (Siehe Seite 141)

Springkraut, Indisches *Impatiens glandulifera*
Es verbreitet sich rasant an Waldrändern und Ufersäumen. Seine Samen sind eine nussige Delikatesse, z.B. süß geröstet als eine Art Krokant über Vanille-Eis.
(Siehe Seite 141, Unverträglichkeit/Giftigkeit beachten)

Spurre *Holosteum umbellatum*
Sie steht hin und wieder auf lockeren Sand- und Felsflächen. Die vielen weichen Stängel, die Blätter und die Blütenstände können fein geschnitten und als Krautspinat zu Spiegelei gereicht werden. (Siehe Seite 141)

Skabiose, Glänzende
Scabiosa lucida
Kardengewächse
(Dipsacaceae)

April–Juni
frisch oder erhitzt

Juni–September
frisch ausgezupft

Mild-aromatische Pflanze für Salate, Gemüse, Speisendekor

Siehe Bild Seite 134

Skabiose, Tauben-
Scabiosa columbaria
Kardengewächse
(Dipsacaceae)

April-Juni
frisch oder erhitzt

Juni-Oktober
frisch ausgezupft

Mild-aromatische Pflanze für Salate, Gemüse, Speisendekor

Sode, Strand-
Suaeda maritima
Fuchsschwanzgewächse
(Amaranthaceae)

April–Juli
blanchiert oder mehrmals ausgekocht

August–Oktober
a) unreif eingelegt,
b) reif vermahlen als Mehl

Leicht bittere Pflanze als Beigabe für Gemüse, Salate, Eingelegtes, Mehlbeimischungen

Sonnenblume, Gemeine
Helianthus annus
Korbblütlergewächse
(Asteraceae)

April–Juni
frisch oder erhitzt

September
frisch, geröstet oder gepresst

Mai–August
a) knospig geerntet und gekocht,
b) später im Jahr gelbe Blättchen frisch

Sommer
frisch

Ergiebige, milde Pflanze für Salate, Gemüse, Knabberei, Öl

Siehe Bild Seite 134

Sonnenhut, Schlitzblättriger
Rudbeckia laciniata
Korbblütlergewächse
(Asteraceae)

April–Juni
in kleinen Mengen fein geschnitten erhitzt

Leicht herbe Pflanze für Gemüse; große Mengen könnten unverträglich wirken

Sonnenröschen, Alpen-
Helianthemum alpestre
Zistrosengewächse
(Cistaceae)

Juni–August
frisch oder kandiert

Milde, gelbe Blüten als farbige Speisenbeigabe

Siehe Bild Seite 134

Pflanze	Ernte / Zubereitung		Verwendung
Sophienrauke *Descurainia sophia* Kreuzblütlergewächse (Brassicaceae)	Frühjahr frisch oder erhitzt Frühsommer frisch oder eingelegt		Pflanze mit leichtem Rucolaaroma für Salate, Gemüse
Spargel, Gemüse- Spargelgewächse *(Asparagaceae)* Siehe Bild Seite 137	August geröstet als Kaffee April–Mai gekocht		Bekannte, milde Pflanze für Gemüse, Kaffee
Spargelbohne, Wilde *Tetragonolobus maritimus* Schmetterlingsblütler-gewächse (Fabaceae) (!)	Juli–August unreif, noch weich geerntet, erhitzt		Pflanze mit leichtem Erbsenaroma für Gemüse
Spark, Acker- *Spergula arvensis* Nelkengewächse (Caryophyllaceae) (!)	April–Juni frisch oder erhitzt September–Oktober vermahlen als Mehl		Milde Pflanze für Gemüse, Salatbeigaben, Mehlbeimischungen
Speierling *Sorbus domestica* Rosengewächse (Rosaceae) (!)	August–November geröstet als Kaffee Oktober–November nach ersten starken Frösten geerntet	a) erhitzt, überbrüht oder getrocknet und vermahlen, b) in kleinen Mengen roh Frühsommer überbrüht	Mehliges, wenig saftiges Wildobst für Mehlbeimischungen, Tee, Fruchtspeisen, Saucen, Spirituosen, Kaffee
Spierstrauch, Verwechselter *Spiraea billardii* Rosengewächse (Rosaceae) (!)	April–Juni erhitzt		Selten genutzte, leicht herbe Pflanze für Gemüsebeigaben

Stachelbeere, Echte *Ribes uva-crispa*
Sie steht gerne an Waldrändern und Hecken. Ein Blechkuchen mit Quark und geviertelten Stachelbeeren ist eine besonderer Wildfruchtgenuss. (Siehe Seite 141)

Steinklee, Echter *Melilotus officinalis*
Er steht oft in Ruderal- und Ackerwildkrautgesellschaften. Seine getrockneten und vermahlenen Blüten können in der Küche annähernd wie Zimt eingesetzt werden.
(Siehe Seite 142)

Steinkraut, Kelch- *Alyssum alyssoides*
Es steht gerne auf lockeren Sand- und Felsrasen. Die Blüten und zarte Triebspitzen ergeben feingehackt zusammen mit vermahlener scharfer Senfsaat, Essig, Salz und Öl eine Gourmet-Senfpaste.
(Siehe Seite 142)

Steinquendel, Alpen- *Acinos alpinus*
Er wächst auf mageren alpinen Rasen und Steinfluren. Die schönen Blüten zusammen mit zarten Triebspitzen können fein geschnitten und mit etwas Salz und Quark zu einem herzhaften Brotaufstrich verarbeitet werden.
(Siehe Seite 142)

Spornblume, Rote
Centranthus ruber
Baldriangewächse
(Valerianaceae)

März–April
frisch oder erhitzt

April–Juni
frisch oder erhitzt

Pflanze mit Kohl-/Erbsenaroma für Salate, Gemüse

Siehe Bild Seite 137

Springkraut-Arten
Impatiens
Springkrautgewächse
(Balsaminaceae)

(X)

April–Juni
kleine Mengen, mehrfach ausgekocht

September
frisch, geröstet oder gepresst

Juli–September
frisch als farbige Speisenbeigabe

Samen mit Walnussgeschmack für Gebäck, Süßspeisen, Öl; stumpf schmeckendes Kraut, wirkt roh abführend

Siehe Bild Seite 137

Spurre
Holosteum umbellatum
Nelkengewächse
(Caryophyllaceae)

März–Mai
fein geschnitten, frisch oder erhitzt

März–Mai
frisch oder erhitzt

Kleine milde Pflanze als Beigabe für Salate, Gemüse

Siehe Bild Seite 137

Stachelbeeren-Arten
Ribes
Stachelbeergewächse
(Grossulariaceae)

(!)

April
fein geschnitten, frisch und erhitzt

Sommer
frisch, erhitzt oder getrocknet und überbrüht

Aromatische Wildfrüchte für Fruchtspeisen, Tee; Blätter mit Champignonaroma

Siehe Bild Seite 140

Steifgras, Gemeines
Catapodium rigidum
Süßgrasgewächse (Poaceae)

Spätsommer
geröstet als Kaffee oder gekocht und passiert als Suppe/Getränk

Frühjahr
geröstet als Kaffee, vermahlen als Mehl, gekocht und passiert als Suppe/Getränk

Frühjahr
innere weißliche Triebabschnitte, frisch oder erhitzt

Stärkereiche, süßliche Graspflanze für Gemüsebeigabe, Getränke, Kaffee

Steinbrech, Dreifinger-
Saxifraga tridactylites
Steinbrechgewächse
(Saxifragaceae)

(!)

April–Juni
frisch oder erhitzt

Selten genutzte Pflanze als Beigabe für Salate, Gemüse

Steinklee-Arten *Melilotus* Schmetterlingsblütlergewächse (Fabaceae) Siehe Bild Seite 140	Frühjahr a) in kleinen Mengen frisch, b) angewelkt und eingelegt Spätsommer getrocknet und vermahlen	Juni–September eingelegt oder getrocknet und vermahlen	Pflanzen mit Waldmeistergeschmack als Aroma für Gemüse, Spirituosen, Süßspeisen, Mehlbeimischungen; bei Überdosierung können Kopfschmerzen auftreten
Steinkraut-Arten *Alyssum* Kreuzblütlergewächse (Brassicaceae) Siehe Bild Seite 140	März–Mai fein geschnitten, frisch oder erhitzt Frühjahr fein geschnitten, frisch oder erhitzt		Würzige, leicht behaarte Pflanzen für Gemüse, Feinschnittkräutermischungen
Steinkresse *Hornungia petraea* Kreuzblütlergewächse (Brassicaceae)	März–Mai frisch oder erhitzt Mai–Juni frisch oder eingelegt April–Mai frisch oder eingelegt		Pflanze mit Kressearoma als Beigabe für Salate, Gemüse
Steinquendel, Acker- *Acinos arvensis* Lippenblütlergewächse (Lamiaceae)	März–Mai frisch oder getrocknet Juni–September frisch oder getrocknet		Pflanze mit Thymianaroma für Gewürze
Steinquendel, Alpen- *Acinos alpinus* Lippenblütlergewächse (Lamiaceae) Siehe Bild Seite 140	April–Juli frisch oder getrocknet Juni–August frisch oder getrocknet		Dekorative, aromatische Pflanze für Gewürze, Tee
Steinsame, Echter *Lithospermum officinale* Raublattgewächse (Boraginaceae) Siehe Bild Seite 143	April–Juni frisch oder erhitzt/überbrüht August–September vermahlen als Mehl		Von alters her geschätzte Nahrungspflanze mit Gurkenaroma, enthält Alkaloide, die derzeit als ›evtl. krebserregend‹ eingestuft werden

Steinsame, Echter *Lithospermum officinale*
Er wächst meist an besonnten Säumen an Gehölzen. Seine Blätter wurden früher angetrocknet, zerrieben, wieder angefeuchtet und anschließend bei Raumtemperatur in Steingutgefäßen als feinherber Tee fermentiert.
(Siehe Seite 142, Unverträglichkeit/Giftigkeit beachten)

Stiefmütterchen, Sand- *Viola tricolor*
Es steht gerne auf lockeren Sand- und Felsrasen. Ein süßer Leckerbissen und ein farblicher Genuss sind ihre leicht mit Puderzucker bestäubten und im Ofen getrockneten Blüten.
(Siehe Seite 144)

Storchschnabel, Wiesen- *Geranium pratense*
Er befindet sich häufig auf gewöhnlichen Frischwiesen. In einer üppigen Fülle erstrahlen seine blau-lila Blüten und bilden ausgezupft einen appetitlichen, aufsehenerregenden Mantel um Gewürzbutteraufstriche. (Siehe Seite 145)

Strandkresse *Lobularia maritima*
Leicht salzige Küstenbereiche sind ihr zuhause, aber sie verbreitet sich zunehmend auch in Ruderalgesellschaften an Straßen. Ihre Blütenstände sind insbesondere auf den Kanarischen Inseln ein beliebtes Saucengewürz.
(Siehe Seite 145)

Pflanze	Verwendung	Verwendung	Hinweise
Steintäschel, Felsen- *Aethionema saxatile* Kreuzblütlergewächse (Brassicaceae) (!)	April–Mai frisch oder erhitzt Mai–Juni frisch oder erhitzt		Pflanze mit Rapsaroma für Salate, Gemüse
Steinweichsel-Arten *Prunus* Rosengewächse (Rosaceae) (X)	Frühjahr in kleinen Mengen fein geschnitten, frisch oder erhitzt/überbrüht Sommer, z.T. Herbst frisch, erhitzt oder eingelegt	April–Mai kandiert oder überbrüht	Säuerliche Wildfruchtgehölze für Fruchtspeisen, Säfte, Aroma, Tee, Gemüsebeigabe; v.a. die Kerne enthalten Blausäure, Blüten und Blätter nur geringe Mengen
Sternmieren-Arten *Stellaria* Nelkengewächse (Caryophyllaceae) (!)	Frühjahr–Sommer frisch oder erhitzt Frühjahr, z.T. bis Spätsommer frisch oder erhitzt		Milde Pflanzen für Gemüse, Salate
Stiefmütterchen-Arten *Viola* Veilchengewächse (Violaceae) (!) Siehe Bild Seite 143	Frühjahr fein geschnitten, frisch oder erhitzt/überbrüht Frühjahr–Sommer frisch, erhitzt oder eingelegt		Mild bis herbwürzige Pflanzen für Salate, Gemüse, Süßspeisen, Aroma, Tee, Speisendekor
Stockrosen-Arten *Althaea* Malvengewächse (Malvaceae) (!)	Frühjahr frisch oder erhitzt September–Oktober jung, unreif geerntet, frisch oder eingelegt	Oktober–März frisch oder erhitzt Sommer farbiger Speisendekor, frisch oder erhitzt	Milde bis säuerliche Pflanzen für Gemüse, Süßspeisen
Storchschnabel, Kleiner *Geranium pusillum* Storchschnabelgewächse (Geraniaceae)	Mai–September knospig und erblüht, frisch oder erhitzt		Milde, violette, kleine Blüten als Beigabe für Salate, Gemüse

Storchschnabel, Wald- *Geranium sylvaticum* Storchschnabelgewächse (Geraniaceae)	Mai–August knospig und erblüht, frisch oder erhitzt		Milde, violette Blüten als Beigabe für Salate, Gemüse
Storchschnabel, Weicher *Geranium molle* Storchschnabelgewächse (Geraniaceae) (!)	Mai–September knospig und erblüht, frisch oder erhitzt		Milde, violette Blüten als Beigabe für Salate, Gemüse
Storchschnabel, Wiesen- *Geranium pratense* Storchschnabelgewächse (Geraniaceae) Siehe Bild Seite 143	März–Juni fein geschnitten, frisch oder erhitzt Juni–August farbiger Speisendekor, frisch		Milde, leicht behaarte Pflanze für Gemüse, Feinschnittkräuter- mischungen
Strandbinsen-Arten *Bolboschoenus* Riedgrasgewächse (Cyperaceae) (!)	Spätsommer geröstet als Kaffee oder gekocht und passiert als Suppe/Getränk Frühjahr geröstet als Kaffee, ver- mahlen als Mehl, gekocht	und passiert als Suppe/Getränk Frühjahr weißliche Triebabschnitte, frisch oder erhitzt	Stärkereiche, Graspflanzen für Gemüsebeigabe, Getränke, Kaffee, Suppen
Strandkresse *Lobularia maritima* Kreuzblütlergewächse (Brassicaceae) Siehe Bild Seite 143	März–Mai frisch oder erhitzt Mai–Juni frisch oder eingelegt	April–Mai frisch oder eingelegt	Leicht scharfe Pflanze als Beigabe für Salate, Gemüse
Strauchpappel, Thüringer *Lavatera thuringiaca* Malvengewächse (Malvaceae) Siehe Bild Seite 146	Juli–September frisch oder knospig eingelegt		Selten genutzte, schleimstoffhaltige Pflanze für Gemüse, farbige Speisen- beigabe

Strauchpappel, Thüringer *Lavatera thuringiaca*
Sie steht gerne in nährstoffreichen Krautflächen. Ein Genuss sind die ausgezupften Blütenblätter im Teller über einen mit Öl und Essig angemachten Feldsalat gestreut.
(Siehe Seite 145)

Sumpfkresse, Wilde *Rorippa sylvestris*
Sie gehört zu den Pionier-Pflanzen auf überfluteten Rasen. Ihre Blätter eignen sich hervorragend in Feinschnittkräutermischungen mit Giersch und geriebenem Meerrettich als Beigabe auf kalten Brotzeit-Platten. (Siehe Seite 147)

Süßdolde *Myrrhis odorata*
Sie wächst meist auf nährstoffreichen Böden. Ihre Blüten und vermahlenen Samen eignen sich als Gewürz im Teig von Apfelküchlein. (Siehe Seite 147)

Süßklee, Alpen- *Hedysarum hedysaroides*
Sein Zuhause sind Steinfluren und alpine Rasen. Ein feines Weißbrot wurde früher aus dem Mehl seiner getrocknet vermahlenen Blütenstände, gemischt mit lockerem Weizenmehl und ein paar unvermahlenen Blüten gebacken.
(Siehe Seite 148)

Pflanze	Nutzung	Nutzung	Beschreibung
Straußfarn *Matteucia struthiopteris* Waldfarngewächse (Athyriaceae) !	September–März erhitzt oder geröstet als Gewürz April noch etwas eingerollt, frisch oder erhitzt		Selten genutzte Pflanze für Salate, Gemüse, Gewürze
Straußgras-Arten *Agrostis* Süßgrasgewächse (Poaceae)	Spätsommer geröstet als Kaffee oder gekocht und passiert als Suppe/Getränk Frühjahr geröstet als Kaffee, vermahlen als Mehl, gekocht	und passiert als Suppe/Getränk Frühjahr innere weißliche Triebabschnitte, frisch oder erhitzt	Stärkereiche, süßliche Graspflanzen für Gemüsebeigabe, Getränke, Kaffee
Sumpfkresse-Arten *Rorippa* Kreuzblütlergewächse (Brassicaceae) Siehe Bild Seite 146	April–Mai frisch oder erhitzt Frühsommer frisch oder eingelegt		Pflanzen mit Retticharoma für Salate, Gemüse, Speisendekor, Gewürze
Sumpfried-Arten *Eleocharis* Riedgrasgewächse (Cyperaceae) (!)	Spätsommer geröstet als Kaffee oder gekocht und passiert als Suppe/Getränk Frühjahr geröstet als Kaffee, vermahlen als Mehl, gekocht	und passiert als Suppe/Getränk	Stärkereiche, süßliche Graspflanzen für Gemüsebeigabe, Getränke, Kaffee
Süßdolde *Myrrhis odorata* Doldengewächse (Apiaceae) Siehe Bild Seite 146	April–Oktober fein geschnitten, frisch oder erhitzt/überbrüht Juli–August unreif, noch weich geerntet, frisch, erhitzt oder eingelegt	September–März erhitzt, seltener roh Mai–Juli frisch als Aroma und Speisendekor	Pflanze mit süßem Anisaroma für Gewürze, Gemüse, Tee
Süßholz *Glycyrrhiza glabra* Schmetterlingsblütlergewächse (Fabaceae)	September–März junge Wurzeln fein geschnitten als Gemüse; ältere Wurzeln als Aroma ausgekocht		Süßaromatische Wurzel als Gemüsebeigabe, Aroma für Süßspeisen

Süßklee, Alpen-
Hedysarum hedysaroides
Schmetterlingsblütlergewächse (Fabaceae)

März–Mai
fein geschnitten, frisch oder erhitzt

März–April
fein geschnitten, erhitzt, seltener roh

Juli–August
getrocknet und vermahlen

Süß-herb-aromatische Pflanze für Salatbeigaben, Mehlbeimischungen, Gemüse

Siehe Bild Seite 146

Taglilie, Gelbe
Hemerocallis fulva
Tagliliengewächse (Hemerocallidoideae)

April–Juni
frisch oder erhitzt

September–März
fein geschnitten, erhitzt, seltener roh

Mai–Juli
knospig und erblüht frisch, erhitzt oder eingelegt

Dekorative, mildnussige Pflanze für Gemüse, Salate

Taglilie, Gelbrote
Hemerocallis lilioasphodelus
Tagliliengewächse (Hemerocallidoideae)

April–Juni
knospig und erblüht frisch, erhitzt oder eingelegt

Dekorative, milde Pflanze für Gemüse, Salate

Siehe Bild Seite 149

Tanne, Weiß-
Abies alba
Kieferngewächse (Pinaceae)

März–Mai
fein geschnitten, frisch

März–Mai
Anschnittsaft frisch oder köchelnd einreduziert

März–Mai
in Streifen geschnitten und erhitzt

Säuerliche, aromatische Pflanze für Aroma, Salate, Süßspeisen und Gemüse

Tannenwedel
Hippuris vulgaris
Wegerichgewächse (Plantaginaceae)

April–Mai
in kleinen Mengen, frisch oder erhitzt

Sauer-aromatische Pflanze als Beigabe für Gewürze; oxalsäurehaltig, Verzehr nur kleiner Mengen

Täschelkraut-Arten
Thlaspi
Kreuzblütlergewächse (Brassicaceae)

Frühjahr-Frühsommer
frisch oder erhitzt

Herbst
gepresst als Öl/Senf

März–April
fein geschnitten als Gewürz

Frühjahr–Frühsommer
frisch oder eingelegt

Pflanzen mit Kressearoma als Beigabe für Salate, Gemüse, Gewürze, Öl, Senf

Siehe Bild Seite 149

Taglilie, Gelbrote *Hemerocallis lilioasphodelus*
Sie ist ein Schmuckstück in Edellaub- und Weiden-Auwäldern. Und nicht minder attraktiv sind ihre großen knackigen Blütenknospen als Beigabe in Wokgemüsemischungen. (Siehe Seite 148)

Täschelkraut, Acker- *Thlaspi arvense*
Es wächst gerne in nährstoffreichen Ackerwildkrautfluren. Die jungen, weichen Samen, Blüten und -knospen sind feingeschnitten ein willkommener Belag auf einfachen Butterbroten. (Siehe Seite 148)

Taubnessel, Gefleckte *Lamium maculatum*
Sie ist sehr verbreitet in Staudensäumen an Gehölzen im Halbschatten. Ihre Triebspitzen mit den üppigen Blüten sind eine ausgezeichnete Grundlage für Vorspeisensalate mit Gurkenwürfeln und Schafskäse. (Siehe Seite 151)

Taubnessel, Weiße *Lamium album*
Sie steht gerne in Krautgesellschaften nährstoffreicher Fluren. Ihre weichen Triebspitzen und zarte Blätter sind hervorragende Grundlage für Gemüselasagne mit gerösteten Nüssen und Ziegenkäse. (Siehe Seite 151)

Teufelskralle, Ährige *Phyteuma spicatum*
In Laubwäldern und Gebüschen kann man sie hin und wieder antreffen. Ihre zarten Blätter und Triebspitzen in Streifen geschnitten sind ein Genuss als Zugabe zu jedem Blattsalat. (Siehe Seite 152)

Teufelskralle, Halbkugelige *Phyteuma hemisphaericum*
Sie ist eine markante Pflanze von Steinfluren und alpinen Rasen. Ihre Blütenköpfe samt den Kelchblättern sind eine besonders feinaromatische Dekoration für Salate. (Siehe Seite 152)

Teufelskralle, Schwarze *Phyteuma nigrum*
Sie mag gerne nährstoffreiche Weiden und Waldränder. Die Wurzeln noch junger Pflanzen sind eine Delikatesse weichgekocht als Beigabe zu Bohnengerichten. (Siehe Seite 152)

Thymian, Echter *Thymus vulgaris*
Aromatische Pflanze der trockenen Kalk-Magerrasen. Nicht nur ein optischer Genuss sind seine ausgezupften Blüten, über aufgeschnittene Tomaten gestreut mit etwas Salz und Pfeffer, als Sommerspeise. (Siehe Seite 152)

Taubnessel-Arten *Lamium* Lippenblütlergewächse (Lamiaceae) Siehe Bild Seite 149	April–Juni frisch oder erhitzt/überbrüht April–September Wurzelknoten der Ausläufer, frisch oder erhitzt	März–Juni Presssaft als Getränkebeigabe Frühjahr–Herbst frisch ausgezupft	Pflanzen mit Steinpilzaroma für Gemüse, Tee, Salate, Getränke
Tausendblatt, Ährenblütiges *Myriophyllum spicatum* Tausendblattgewächse (Haloragaceae)	April–Juni erhitzt		Selten genutzte Pflanze (meist in Notzeiten) für Gemüsebeigabe
Tausendblatt, Quirlblütiges *Myriophyllum verticillatum* Tausendblattgewächse (Haloragaceae)	April–Juni fein geschnitten, frisch oder erhitzt		Selten genutzte Pflanze (meist in Notzeiten) für Gewürze
Tausendgüldenkraut-Arten *Centaurium* Enziangewächse (Gentianaceae) !	April–Juli getrocknet und eingelegt		Bitter-würzige Pflanzen für Gewürze, Spirituosen
Teichbinsen-Arten *Schoenoplectus* Riedgrasgewächse (Cyperaceae) (!)	Spätsommer geröstet als Kaffee oder gekocht und passiert als Suppe/Getränk	Frühjahr geröstet als Kaffee, vermahlen als Mehl, gekocht und passiert als Suppe/Getränk	Stärkereiche Graspflanzen für Gemüsebeigabe, Getränke, Kaffee
Teichlinse *Spirodela polyrhiza* Aronstabgewächse (Araceae) (!)	Frühjahr–Sommer Blätter mit Wurzeln, frisch oder erhitzt		Eiweißreiche, milde Schwimmpflanze für Salate, Gemüse

Teufelsabbiss *Succisa pratensis* Kardengewächse (Dipsacaceae)	April–Juni frisch oder erhitzt Juli–September frisch ausgezupft als Speisendekor		Milde, dekorative Blütenpflanze als Beigabe zu Gemüse, Salaten
Teufelskrallen-Arten *Phyteuma* Glockenblumengewächse (Campanulaceae) Siehe Bild Seite 150	Frühjahr frisch oder erhitzt September–März erhitzt, seltener roh	Sommer knospig und erblüht, frisch oder erhitzt	Nussig-aromatische Pflanzen für Gemüse, Salate
Thymian-Arten *Thymus* Lippenblütlergewächse (Lamiaceae) (!) Siehe Bild Seite 150	Frühsommer–Herbst fein geschnitten, frisch, getrocknet und erhitzt/überbrüht Sommer–Herbst frisch als Aroma und Speisendekor		Bekannt aromatische Pflanze für Gewürze, Tee, Spirituosen, Salatbeigabe
Tomate *Lycopersicon esculentum* Nachtschattengewächse (Solanaceae)	August–Oktober gepresst als Öl August–Oktober frisch, erhitzt oder ein- gelegt		Bekannt aromatische Pflanze für Salate, Gemüse, Saucen, Eingelegtes, Öl
Topinambur *Helianthus tuberosus* Korbblütlergewächse (Asteraceae) Siehe Bild Seite 153	Oktober–November erhitzt, seltener roh, geröstet als Kaffee oder vergoren als Alkohol August–Oktober gelbe Blättchen, frisch		Milde, kohlen- hydratreiche Wurzel für Gemüse, Kaffee, Alkohol
Tragant, Süßer *Astragalus glycyphyllos* Schmetterlingsblütler- gewächse (Fabaceae) X Siehe Bild Seite 153	April–Juli überbrüht als Tee Juli–August unreif geerntet gekocht		Süß-aromatische Pflanze für Gemüse- beigabe, Tee; hohe Dosen können harn- treibend wirken

Topinambur *Helianthus tuberosus*
In Schleiergesellschaften und an Ufersäumen fühlt er sich am wohlsten. Seine Wurzelknollen werden in kleine Würfel geschnitten, kurz frittiert und gesalzen, um eine schmackhafte, herzhafte Knabberei zu erhalten. (Siehe Seite 152)

Tragant, Süßer *Astragalus glycyphyllos*
Er steht bevorzugt an sonnigen Säumen von Hecken und Gehölzrändern. Seine süßlichen Blätter geben getrocknet und ggf. auch fermentiert Teemischungen mit Schwarztee eine besondere Note. (Siehe Seite 152, Unverträglichkeit/ Giftigkeit beachten)

Tüpfelfarn, Gewöhnlicher *Polypodium vulgare*
Er steht oft in schattigen humosen Mauerfugen. Als Spezialität galt früher der ausgekochte süßliche Sud seiner Wurzeln. Man reduzierte ihn durch Köcheln und verarbeitete ihn zusammen mit Karamell zu Bonbons. (Siehe Seite 155)

Ulme, Berg- *Ulmus glabra*
Sie wächst gerne in Ahorn-Mischwäldern. Die zarten, weichgeflügelten Samen empfehlen sich als feine Knabberchips. Sie werden gewaschen, mit Öl und Salz benetzt und im Backofen kurz gebacken. (Siehe Seite 155)

Veilchen, Duft- *Viola odorata*
Es liebt Krautgesellschaften im Halbschatten. Schon seit vielen Jahrhunderten gilt das Aroma der Veilchenblüten als Delikatesse, z.B. als Einlage in Essig. (Siehe Seite 155)

Vergissmeinnicht, Wald- *Myosotis sylvatica*
Auf Lichtungen im Wald und in Gebüschen ist es zu Hause. Seine Blüten wurden früher als sehr schöne, hellblaue Speisendekoration in Salaten und Getränken verwendet. (Siehe Seite 156, Unverträglichkeit/Giftigkeit beachten)

Vogelbeere, Echte *Sorbus aucuparia*
Sie ist häufig in Gebüschen und Waldlichtungen zu finden. Nur wenige dieser pektinreichen Beeren reichen aus, um diverse (Wild-)Fruchtsäfte exzellent zu Gelee zu verkochen. (Siehe Seite 156)

Vogelmiere *Stellaria media*
Sie finden wir häufig in Blumenkästen, frischen Beeten und Ruderalstellen. Sie ist einer der besten Wildsalate. Sie ist das ganze Jahr über zart und kann wie ein Schnittsalat immer wieder abgeerntet werden. (Siehe Seite 156)

Traubenhafer-Arten *Danthonia* Süßgrasgewächse (Poaceae) (!)	Spätsommer geröstet als Kaffee oder gekocht und passiert als Suppe/Getränk Frühjahr geröstet als Kaffee, vermahlen als Mehl, gekocht	und passiert als Suppe/Getränk Frühjahr innere weißliche Triebabschnitte, frisch oder erhitzt	Stärkereiche, süßliche Graspflanzen für Gemüsebeigabe, Getränke, Kaffee
Trespen-Arten *Bromus* Süßgrasgewächse (Poaceae) (!)	Spätsommer geröstet als Kaffee oder gekocht und passiert als Suppe/Getränk Frühjahr geröstet als Kaffee, vermahlen als Mehl, gekocht	und passiert als Suppe/Getränk Frühjahr innere weißliche Triebabschnitte, frisch oder erhitzt	Stärkereiche, süßliche Graspflanzen für Gemüsebeigabe, Getränke, Kaffee
Tripmadam-Arten *Sedum* Dickblattgewächse (Crassulaceae) X (!)	Frühjahr frisch, erhitzt oder getrocknet		Saftige, meist milde, aber auch sehr scharfe Pflanzen als Beigabe zu Gemüse, Salaten, Gewürzen; scharfe Arten gering dosiert, Schärfe wirkt stark unverträglich
Tüpfelfarn, Gewöhnlicher *Polypodium vulgare* Tüpfelfarngewächse (Polypodiaceae) Siehe Bild Seite 153	April–Mai abgerieben und erhitzt September–März erhitzt oder geröstet		Wurzel mit Süßholzaroma für Aroma, Süßspeisen; Blätter als Gemüsebeigabe
Ulmen-Arten *Ulmus* Ulmengewächse (Ulmaceae) (!) Siehe Bild Seite 153	März–Mai frisch oder erhitzt/überbrüht Mai–Juni frisch, erhitzt oder eingelegt	März–April getrocknet als Mehl	Mild-aromatische Bäume für Salate, Gemüse, Tee, Mehlbeimischungen
Veilchen-Arten *Viola* Veilchengewächse (Violaceae) (!) Siehe Bild Seite 154	Frühjahr fein geschnitten, frisch oder erhitzt/überbrüht Frühjahr–Sommer frisch, erhitzt oder eingelegt		Mild- bis herbwürzige Pflanzen für Salate, Gemüse, Süßspeisen, Aroma, Tee, Speisendekor

Venuskamm, Echter *Scandix pecten-veneris* Doldengewächse (Apiaceae) !	April–Mai frisch oder erhitzt Juli–August frisch oder erhitzt	Mai–Juni frisch als Aroma und Speisendekor	Würzig-aromatische Pflanze als Beigabe für Gemüse, Salate
Vergissmeinnicht-Arten *Myosotis* Raublattgewächse (Boraginaceae) X (!) Siehe Bild Seite 154	Frühjahr, z.T. bis Spätsommer farbiger Speisendekor, frisch oder eingelegt		Von alters her geschätzte essbare Blüten, enthalten Alkaloide, die derzeit als ›evtl. krebserregend‹ eingestuft werden
Vogelbeere *Sorbus aucuparia* Rosengewächse (Rosaceae) Siehe Bild Seite 154	August–November geröstet als Kaffee Oktober–November nach ersten starken Frösten geerntet	a) erhitzt, überbrüht oder getrocknet und vermahlen, b) in kleinen Mengen roh Frühsommer überbrüht	mehlig bis saftige, süßlich bis bittersaure Wildfrüchte für Mehlbeimischungen, Tee, Fruchtspeisen, Saucen, Spirituosen, Kaffee
Vogelfuß-Arten *Ornithopus* Schmetterlingsblütlergewächse (Fabaceae) (!)	Mai–Juni frisch oder erhitzt Sommer getrocknet und vermahlen		Pflanzen mit leichtem Bohnenaroma für Salatbeigabe, Gemüse, Mehlbeimischungen
Vogelmiere *Stellaria media* Nelkengewächse (Caryophyllaceae) Siehe Bild Seite 154	Frühjahr–Herbst frisch oder erhitzt Frühjahr z.T. bis Spätsommer frisch oder erhitzt		Milde Pflanze für Gemüse, Salate
Wacholder, Gemeiner *Juniperus communis* Zypressengewächse (Cupressaceae) X Siehe Bild Seite 157	März–Mai frisch, erhitzt/überbrüht oder getrocknet und vermahlen August in kleinen Mengen erhitzt, eingelegt,	gepresst zu Saft oder getrocknet März–April in Streifen geschnitten und erhitzt als Gemüsebeigabe	Pflanze mit Ginaroma für Gewürze, Aroma, Tee, Süßspeisen; bei Überdosierung können Nieren-Magen-Reizungen auftreten

Wacholder, Gemeiner *Juniperus communis*
Er ist der typische, dornige Strauch der Kalk-Magerrasen und Zwergstrauchheiden. Der gesüßte und eingedickte Sud aus seinen ausgekochten Früchten wird in den Alpen gerne als sirupartiger Brotaufstrich gegessen. (Siehe Seite 156, Unverträglichkeit/Giftigkeit beachten)

Waid, Färber- *Isatis tinctoria*
Er erobert sich seinen Lebensraum in Ruderalgesellschaften. Seine ölreichen jungen Samen können mit etwas Essig und Salz als eine Art würziger Senf vermaischt werden. (Siehe Seite 159)

Waldmeister *Galium odoratum*
Er steht gewöhnlich im Unterwuchs von Laubwäldern und Gebüschen. Jeder kennt sicher das süßliche Waldmeisteraroma. Aus angewelkten Blättern tritt es besonders hervor und macht aus einem Sorbet eine Delikatesse.
(Siehe Seite 159, Unverträglichkeit/Giftigkeit beachten)

Walnuss *Juglans regia*
Er ist ein wärmeliebender Baum der Ahorn-Mischwälder. Seine reifen Blätter sind überbrüht eine der besten heimischen Teespezialitäten. (Siehe Seite 159)

Wasserlinse, Kleine *Lemna minor*
Sie lebt an der Oberfläche von stehenden Gewässern. Gut gesäubert ergeben die vom Gewässer abgeschöpften ganzen Pflänzchen zusammen mit Oliven in Öl und etwas Salz püriert ein gutes Pesto. (Siehe Seite 160)

Wassermiere *Stellaria aquatica*
Sie gehört zu den Pflanzengesellschaften der Ufersäume. Ihre Triebe und Blätter ergeben ein hervorragend aromatisches, saftiges Feinschnittgemüse für Pesto, Spinate oder Frischkäsezubereitungen. (Siehe Seite 160)

Wasserpfeffer *Persicaria hydropiper*
Es ist ein Kraut feuchter und oft gestörter Plätze. Seine schärflichen Samen waren früher ein wertvoller Pfefferersatz in den Zeiten, als der indische Pfeffer noch ein Luxusgut war. (Siehe Seite 160)

Wau, Gelber *Reseda lutea*
Er ist in Ruderalgesellschaften verbreitet. Seine langen Blütenstände fanden früher als pikante Würze in Feinschnittkräutermischungen Verwendung. (Siehe Seite 160)

Waid, Färber- *Isatis tinctoria* Kreuzblütlergewächse (Brassicaceae) Siehe Bild Seite 157	April jüngste Blätter, frisch oder erhitzt August–September gepresst als Öl	Mai-Juni würziger Dekor, frisch oder erhitzt	Leicht scharf-würzige Pflanze für Gewürze, Öl
Waldgerste *Hordelymus europaeus* Süßgrasgewächse (Poaceae)	Spätsommer geröstet als Kaffee oder gekocht und passiert als Suppe/Getränk Frühjahr geröstet als Kaffee, vermahlen als Mehl, gekocht	und passiert als Suppe/Getränk Frühjahr innere weißliche Triebabschnitte, frisch oder erhitzt	Stärkereiche, süßliche Graspflanze für Gemüsebeigabe, Getränke, Kaffee
Waldmeister *Galium odoratum* Rötegewächse (Rubiaceae) Siehe Bild Seite 157	April–Juni angewelkt und eingelegt		Bekannte, aromatische Pflanze als Aroma für Gemüse, Spirituosen, Süßspeisen; frisch verwendet können Kopfschmerzen auftreten
Waldreben-Arten *Clematis* Hahnenfußgewächse (Ranunculaceae)	März–April nur jüngste Triebe in geringen Mengen erhitzt und eingelegt Juli–September getrocknet, in kleinen Mengen als Tabak		Streng-herbe Pflanzen als Beigabe für Eingelegtes, Rauchtabak; unverarbeitet hautreizend und unbekömmlich
Wallwurz-Arten *Symphytum* Raublattgewächse (Boraginaceae)	April–Juli fein geschnitten, frisch oder erhitzt September–März erhitzt, auch geröstet als Kaffee	April–Mai erhitzt	Von alters her geschätzte Nahrungspflanzen mit Gurkenaroma, enthalten Alkaloide, die derzeit als ›evtl. krebserregend‹ eingestuft werden
Walnuss *Juglans regia* Walnussgewächse (Juglandaceae) Siehe Bild Seite 157	Mai–August ausgereift, frisch oder getrocknet zu Tee September frisch, geröstet oder gepresst	März–Mai Anschnittsaft frisch oder köchelnd einreduziert Juni–August frisch eingelegt in Essig oder Weinbrand	Ölhaltige Nüsse für Gebäck, Öl, Spirituosen, Salatbeigaben; aromatische Blätter für Tee

Wasserlinsen-Arten *Lemna* Aronstabgewächse (Araceae) (!) Siehe Bild Seite 158	Frühjahr–Sommer Blätter mit Wurzeln frisch oder erhitzt		Eiweißreiche, milde Schwimmpflanzen für Salate, Gemüse
Wassermiere *Stellaria aquatica* Nelkengewächse (Caryophyllaceae) Siehe Bild Seite 158	Frühjahr–Sommer frisch oder erhitzt Frühjahr, z.T. bis Spätsommer frisch oder erhitzt		Milde Pflanze für Gemüse, Salate
Wasserpfeffer *Persicaria hydropiper* Knöterichgewächse (Polygonaceae) Siehe Bild Seite 158	März–Juni frisch oder erhitzt September–Oktober frisch oder erhitzt		Bissfeste, scharfe Pflanze für Salatbeigabe, Gewürze, Gemüsebeigabe
Wasserschraube *Vallisneria spiralis* Froschbissgewächse (Hydrocharitaceae) (!)	April–Juni fein geschnitten, frisch oder erhitzt		Selten genutzte saftige Wasserpflanze für Salate, Gemüse
Wau-Arten *Reseda* Resedengewächse (Resedaceae) (!) Siehe Bild Seite 158	April–Mai frisch oder erhitzt Juni–August frisch, erhitzt oder eingelegt		Pflanzen mit scharfem Kressearoma für Salatbeigabe, Gemüse, Gewürze
Wegerich-Arten *Plantago* Wegerichgewächse (Plantaginaceae) (!) Siehe Bild Seite 161	Frühjahr fein geschnitten, frisch, eingesäuert oder erhitzt Spätsommer–Herbst frisch oder gepresst als Öl	April-Mai knospig geerntet, frisch, eingelegt oder erhitzt	Pflanzen mit Champignonaroma für Sauerkraut, Gemüse, Salat, Eingelegtes, Öl

Wegerich, Breit- *Plantago major*
Häufig betretene Flächen, Wege und überflutete Rasen sind sein Zuhause. Mit seinen Samen erhält man rasch eine gute Zutat für Pfannenrösti zusammen mit eingeweichtem Getreideschrot, Käse und Gemüse. (Siehe Seite 160)

Wegerich, Spitz- *Plantago lanceolata*
Er ist weit verbreitet in allen Grünlandgesellschaften. Seine noch ganz weichen, knospenden Blütenstände sind eine Spezialität mit etwas Salz und Knoblauch eingelegt in Öl. (Siehe Seite 160)

Wegwarte *Cichorium intybus*
Wie der Name schon sagt, steht sie besonders entlang der Wege. Beliebteste Zubereitung ist der aufgebrühte Kaffee aus ihrer feingeschnittenen und dunkelgerösteten Wurzel. (Siehe Seite 163)

Weidenröschen, Rosarotes *Epilobium roseum*
Es ist zuhause an Gräben und Bachufern. Die frisch austreibenden, jungen Triebe am Boden sind eine bereichernde Zutat für Mischgemüsesuppen. (Siehe Seite 163)

Weidenröschen, Schmalblättriges
Epilobium angustifolium
Seine Wuchsgebiete sind vor allem Waldlichtungen. Die länglichen Blütenknospen sind frisch gesalzen und in Nussöl eingelegt eine besondere Gaumenfreude. (Siehe Seite 163)

Weidenröschen, Sumpf- *Epilobium palustre*
Es wächst, wie der Name schon sagt, meist in sumpfigen Wiesen. Zusammen mit wenigen Fenchelsamen erhält man aus ihren getrockneten Blättern ein geschmackvolles Teegetränk. (Siehe Seite 163)

Weiderich, Blut- *Lythrum salicaria*
Ihn finden wir oftmals an Bachufern. Seine leuchtend roten Blüten sind eine willkommene Beigabe in Fruchtsalaten mit Bananen. (Siehe Seite 164)

Weide, Sal- *Salix caprea*
Sie kommt häufig in Kiesgruben und Auwäldern vor. Getrocknet bieten sich kleine Mengen ihrer Blätter gut zusammen mit Zimt und Trockenobst für winterliche Gewürzteemischungen an. (Siehe Seite 163, Unverträglichkeit/Giftigkeit beachten)

Wegwarte
Cichorium intybus
Korbblütlergewächse (Asteraceae)

Siehe Bild Seite 161

April–Juli
a) getrocknet, zu Tabak
b) fein geschnitten, frisch, blanchiert oder gekocht

September–März
a) fein geschnitten, durch Wässern entbittert und gekocht
b) geröstet

Juli–September
frisch ausgezupft

April–Juli
erhitzt

Pflanze mit strengem Chicoréegeschmack für Salate, Gemüse, Kaffee, Rauchtabakbeigabe

Weiden-Arten
Salix
Weidengewächse (Salicaceae)

Siehe Bild Seite 162

März–April
a) überbrüht zu Tee,
b) mehrmals ausgekocht

März–April
getrocknet als Mehl

Herbe, z.T. auch mildere Pflanzen für Tee, Gemüse, Mehl; enthalten Salicin, große Mengen können unbekömmlich wirken

Weide, Silber-
Salix alba
Weidengewächse (Salicaceae)

Siehe Bild Seite 165

März–April
a) frisch oder erhitzt,
b) überbrüht zu Tee

März–April
in Streifen geschnitten und erhitzt oder getrocknet als Mehlbeimischungen

Nussig-aromatische Pflanze für Gemüse, Salate, Tee, Mehl; enthält Salicin, große Mengen können unbekömmlich wirken

Weide, Verlängerte
Salix appendiculata
Weidengewächse (Salicaceae)

März–April
a) fein geschnitten frisch oder erhitzt,
b) überbrüht zu Tee

März–April
in Streifen geschnitten und erhitzt oder getrocknet als Mehl

Mild-aromatische Pflanze für Gemüse, Salate, Tee, Mehl; enthält Salicin, große Mengen können unbekömmlich wirken

Weidelgras-Arten
Lolium
Süßgrasgewächse (Poaceae)

Spätsommer
geröstet als Kaffee oder gekocht und passiert als Suppe/Getränk

Frühjahr
geröstet als Kaffee, vermahlen als Mehl, gekocht und passiert als Suppe/Getränk

Frühjahr
innere weißliche Triebabschnitte, frisch oder erhitzt

Stärkereiche, süßliche Graspflanzen für Gemüsebeigabe, Getränke, Kaffee

Weidenröschen-Arten
Epilobium
Nachtkerzengewächse (Onagraceae)

Siehe Bild Seite 161, 162

April–Juni
frisch oder erhitzt/überbrüht

September–März
a) geröstet,
b) frisch gerieben oder erhitzt

Sommer–Herbst
frisch oder erhitzt/überbrüht

April–Juni
frisch oder erhitzt

Milde, aber z.T. auch rau schmeckende Pflanzen für Gemüse, Salate, farbige Speisenbeigabe, Röstkaffee

Weiderich, Blut- *Lythrum salicaria* Weiderichgewächse (Lythraceae) Siehe Bild Seite 162	April–Mai frisch oder erhitzt/überbrüht April–Juni Presssaft als Getränkebeigabe	Juni–September frisch oder erhitzt April–Juni frisch oder erhitzt	Obstartig aromatische Pflanze für Gemüse, Salate, Tee
Weißdorn-Arten *Crataegus* Rosengewächse (Rosaceae) Siehe Bild Seite 165	ab April junge Blätter, frisch oder erhitzt, ältere überbrüht oder eingelegt Juli–Oktober geröstet als Kaffee	August–September frisch, getrocknet und vermahlen, erhitzt oder eingelegt Mai frisch oder eingelegt	Süß-mehlige Wildfruchtpflanzen für Süßspeisen, Mehlbeimischungen, Kaffee, Eingelegtes, Salatbeigabe, Aroma
Wermut *Artemisia absinthium* Korbblütlergewächse (Asteraceae)	April–Juli nur geringe Mengen, getrocknet		Ätherisch duftende Pflanze als Aroma für Spirituosen, Öl, hohe Dosen können toxisch wirken
Wermut, Römischer *Artemisia pontica* Korbblütlergewächse (Asteraceae)	April–Juli getrocknet		Beliebte würzige Pflanze als Aroma für Spirituosen
Wicke, Erbsen- *Vicia pisiformis* Schmetterlingsblütlergewächse (Fabaceae)	August noch weich geerntet, lange stark erhitzt		Pflanze mit leichtem Erbsenaroma als Beigabe für Gemüse
Wicke, Futter- *Vicia sativa* Schmetterlingsblütlergewächse (Fabaceae)	April–Mai lange stark erhitzt Juli–August noch weich geerntet, lange stark erhitzt		Pflanze mit leichtem Erbsenaroma als Beigabe für Gemüse, Verzehr großer Mengen gilt als unverträglich

Weide, Silber- *Salix alba*
Sie steht gerne direkt an Flussufern. Ihre zarten, jungen Blätter, wenn sie aus den Knospen treiben, ergeben in kleinen Mengen gute Salatblattbeigaben zusammen mit Rucolablättern. (Siehe Seite 163, Unverträglichkeit/Giftigkeit beachten)

Weißdorn, Eingriffliger *Crataegus monogyna*
Ihn findet man typisch an Waldrandgebüschen. Die entkernten Fruchtschalen mit dem anhaftenden weichen Fruchtfleisch sind gesüßt, mit etwas Mehl vermischt und in der Pfanne geröstet ein Süßspeisengenuss. (Siehe Seite 164)

Wicke, Vogel- *Vicia cracca*
Sehr verbreitete Pflanze in selten gemähten Grünlandgesellschaften. Ihre üppigen Blütenstände wurden früher als geschmackvolle Zutat im Teig von Bratlingen und Rösti verwendet. (Siehe Seite 167)

Wiesenknopf, Kleiner *Sanguisorba minor*
Er steht gerne auf Kalk-Magerrasen. Die jungen, knospigen Blütenköpfe mit den zarten Stängelspitzen bieten sich entsaftet sehr gut an als Beigabe zu Joghurt-Lassis oder Frucht-Cocktails. (Siehe Seite 167)

Wiesenknöterich, Knöllchen- *Bistorta vivipara*
Ihn findet man meist auf alpinen Rasen oder Steinfluren. Die an der Mutterpflanze bereits auskeimenden Samen sind eine vitaminreiche Knabberei und Spezialität auf Wanderungen. (Siehe Seite 168)

Wiesensilge *Silaum silaus*
Sie steht gerne in Feuchtwiesen und an Bachufern. Ihre Blätter und zarte Triebspitzen empfehlen sich als erfrischendes Gewürz in Salatsaucen mit Sauerrahm. (Siehe Seite 168)

Winde, Acker- *Convolvulus arvensis*
Sie gehört zu den Pionierpflanzen, die trockene Böden besiedeln. Ihre Blätter in dünne Streifen geschnitten wurden früher als dekorative Zutat in Reisgerichten verwendet. (Siehe Seite 168, Unverträglichkeit/Giftigkeit beachten)

Winde, Zaun- *Calystegia sepium*
Sie rankt gerne an Zäunen und in Schleiergesellschaften an Gehölzrändern. Als Leckerbissen wurden früher ihre schönen Blütentrichter, gefüllt mit etwas Quarkcreme verwendet. (Siehe Seite 168, Unverträglichkeit/Giftigkeit beachten)

Wicke, Maus- *Vicia johannis* Schmetterlingsblütler-gewächse (Fabaceae)	April–Juni lange stark erhitzt Juli–August noch weich geerntet, lange stark erhitzt		Pflanze mit leichtem Erbsenaroma als Beigabe für Gemüse
Wicke, Rauhaarige *Vicia hirsuta* Schmetterlingsblütler-gewächse (Fabaceae)	April–Juni fein geschnitten, lange stark erhitzt Juli–August noch weich geerntet, lange stark erhitzt	Juni–Juli knospig und erblüht, lange stark erhitzt	Behaarte Pflanze mit leichtem Erbsenaroma als Beigabe für Gemüse
Wicke, Viersamige *Vicia tetrasperma* Schmetterlingsblütler-gewächse (Fabaceae) (!)	April–Mai fein geschnitten, lange stark erhitzt August–September reif, geröstet		Faserige Pflanze mit leichtem Erbsen-aroma als Beigabe für Gemüse, Kaffee
Wicke, Vogel- *Vicia cracca* Schmetterlingsblütler-gewächse (Fabaceae) Siehe Bild Seite 165	April–Juni lange stark erhitzt, überbrüht Juli–August unreif, noch weich geerntet, lange stark erhitzt	Juni–Juli knospig und erblüht, lange stark erhitzt	Herb-aromatische, z.T. nach Erbsen schmeckende Pflanze als Beigabe für Gemüse, Tee
Wicke, Zaun- *Vicia sepium* Schmetterlingsblütler-gewächse (Fabaceae)	April–Juni fein geschnitten, lange stark erhitzt Juli–August noch weich geerntet, lange stark erhitzt		Bissfeste Pflanze mit leichtem Erbsen-aroma als Beigabe für Gemüse
Wiesenknopf-Arten *Sanguisorba* Rosengewächse (Rosaceae) Siehe Bild Seite 165	Frühjahr fein geschnitten, frisch und erhitzt/überbrüht Mai–Juli erhitzt		Pflanze mit Gurken-aroma für Gemüse, Salate, Tee

Wiesenknöterich, Knöllchen- *Bistorta vivipara* Knöterichgewächse (Polygonaceae) Siehe Bild Seite 166	April–Mai frisch oder erhitzt Juni–August frisch als Knabberei		Milde, kleine Gemüsepflanze
Wiesenraute, Gelbe *Thalictrum flavum* Hahnenfußgewächse (Ranunculaceae) (!)	April–August frisch oder getrocknet		Leicht scharfe, bitter-würzige Pflanze als Aroma in kleinen Mengen
Wiesensilge *Silaum silaus* Doldengewächse (Apiaceae) Siehe Bild Seite 166	April–Mai frisch oder erhitzt		Sauer-würzige Pflanze für Gewürze, Gemüse
Winde, Acker- *Convolvulus arvensis* Windengewächse (Convolvulaceae) (X) Siehe Bild Seite 166	April–Juni kleine Mengen, frisch oder erhitzt Juni–September frisch als geringe Speisenbeigabe		Milde Pflanze mit dekorativen Blüten als geringe Beigabe zu Gemüse, Salate; große Mengen und die Wurzel wirken abführend
Winde, Zaun- *Calystegia sepium* Windengewächse (Convolvulaceae) (X) Siehe Bild Seite 166	April–Juni kleine Mengen, frisch oder erhitzt Juni–September frisch, als geringe Speisenbeigabe		Milde Pflanze mit dekorativen Blüten als geringe Beigabe zu Gemüse, Salate; große Mengen und die Wurzel wirken abführend
Windhalm-Arten *Apera* Süßgrasgewächse (Poaceae) (!)	Spätsommer geröstet als Kaffee oder gekocht und passiert als Suppe/Getränk Frühjahr geröstet als Kaffee, vermahlen als Mehl,	gekocht und passiert als Suppe/Getränk Frühjahr innere weißliche Triebabschnitte als Nascherei	Stärkereiche, süßliche Graspflanzen für Gemüsebeigabe, Getränke, Kaffee

Wintergrün-Arten
Pyrola
Heidekrautgewächse
(Ericaceae)

(!)

Sommer–Herbst
frisch oder eingelegt

Selten genutzte Pflanzen für Eingelegtes, Salatbeigaben
Verwendung nur geringer Mengen

Wintergrün, Kleines
Pyrola minor
Heidekrautgewächse
(Ericaceae)

April–Juni
fein geschnitten, frisch

Juli–August
frisch oder eingelegt

Selten genutzte Pflanze für Eingelegtes, Salatbeigaben
Verwendung nur geringer Mengen

Siehe Bild Seite 170

Witwenblume, Acker-
Knautia arvensis
Kardengewächse
(Dipsacaceae)

April–Juli
fein geschnitten, frisch oder erhitzt

Juli–August
frisch oder erhitzt

Milde Pflanze mit dekorativen Blüten als Beigabe zu diversen Speisen vor allem zu Salaten

Siehe Bild Seite 170

Wolfstrapp-Arten
Lycopus
Lippenblütlergewächse
(Lamiaceae)

(!)

September–März
frisch gerieben, eingelegt oder erhitzt

Selten genutzte Pflanzen für Gemüse, Salate, Eingelegtes

Siehe Bild Seite 170

Wollgras-Arten
Eriophorum
Riedgrasgewächse
(Cyperaceae)

(!)

Frühjahr
geröstet als Kaffee, vermahlen als Mehl, gekocht und passiert als Suppe/Getränk

Stärkereiche Graspflanzen für Mehl, Getränke, Kaffee

Wucherblume, Alpen-
Leucanthemeopsis alpina
Korbblütlergewächse
(Asteraceae)

Juli–August
frisch ausgezupft oder fein geschnitten

Kleine Pflanze mit fruchtig-aromatischen Blüten als Speisenbeigabe

Wintergrün, Kleines *Pyrola minor*
Eine zierliche Pflanze in sauren Nadelwäldern. Ihre grünlichen, runden Früchte ergaben früher eine willkommene Stärkung auf Wanderungen. (Siehe Seite 169)

Witwenblume, Acker- *Knautia arvensis*
Sie steht gerne auf Frischwiesen und Rainen. Ihre Blätter sind fein gehackt eine hervorragende Beigabe zu Kartoffelsalat. (Siehe Seite 169)

Wolfstrapp, Gemeiner *Lycopus europaeus*
Er mag die Umgebung von Röhrichten und Großseggensümpfen. Die weichen Wurzeln der jungen Pflanzen sind klein geschnitten, weichgekocht und sauer-salzig eingelegt eine delikate Beigabe zu Bratgerichten. (Siehe Seite 169)

Wucherblume, Großblättrige *Tanacetum macrophyllum*
Sie ist zuhause in nährstoffreichen Krautfluren. Ihre Blüten verwendete man früher feingeschnitten und blanchiert als gering dosiertes Gewürz für Salatsaucen. (Siehe Seite 171)

Wucherblume, Ebensträußige
Tanacetum corymbosum
Korbblütlergewächse (Asteraceae)

Juni–August
blanchiert

Herb-würzig-aromatische Pflanze als Beigabe für Gewürze

Wucherblume, Großblättrige
Tanacetum macrophyllum
Korbblütlergewächse (Asteraceae)

Siehe Bild Seite 170

Juni–August
blanchiert

Herb-würzige-aromatisch Pflanze als Beigabe für Gewürze

Wucherblume, Hallers
Leucanthemum halleri
Korbblütlergewächse (Asteraceae)

Juli–August
frisch ausgezupft oder fein geschnitten

Kleine Pflanze mit fruchtig-aromatischen Blüten als Speisenbeigabe

Wucherblume, Spätblühende
Leucanthemella serotina
Korbblütlergewächse (Asteraceae)

Juni–August
frisch ausgezupft oder fein geschnitten

Dekorative, leicht fruchtig-aromatische Blüten als Speisenbeigabe

Wundklee, Gewöhnlicher
Anthyllis vulneraria
Schmetterlingsblütlergewächse (Fabaceae)

(!)

Siehe Bild Seite 173

März–Mai
erhitzt

Selten genutzte Pflanze als Beigabe für Gemüse

Wurmlattich
Picris echioides
Korbblütlergewächse (Asteraceae)

(!)

April–Juni
a) selten frisch, gering dosiert
b) mehrfach ausgekocht

Bitter-herbe Pflanze als Beigabe für Gemüse

Ysop *Hyssopus officinalis* Lippenblütlergewächse (Lamiaceae)	April–Juli frisch, erhitzt oder eingelegt Juli–September farbiger Speisendekor, frisch oder eingelegt		Pflanze mit herbem Minz-Thymian-Aroma für Gewürze, Spirituosen
Zahnwurz-Arten *Cardamine* Kreuzblütlergewächse (Brassicaceae) (!)	März–Mai frisch, erhitzt, oder getrocknet Juli–September gepresst	Frühjahr–Sommer frisch oder eingelegt	Senfölhaltige Pflanzen für Salate, Gemüse, Öl, Senf, Gewürze
Zaunrebe, Fünfblättrige *Parthenocissus inserta* Weinrebengewächse (Vitaceae) Siehe Bild Seite 173	April–Juli fein geschnitten, frisch oder erhitzt		Säuerliche Kletterpflanze für Gemüse, Salate
Ziest, Heil- *Betonica officinalis* Lippenblütlergewächse (Lamiaceae) Siehe Bild Seite 173	April–Juli getrocknet oder in Salzwasser gekocht		Streng-würzige Pflanze als Beigabe für Gemüse, Rauch-, Schnupftabak, Aroma
Ziest, Sumpf- *Stachys palustris* Lippenblütlergewächse (Lamiaceae) Siehe Bild Seite 173	April–Juni erhitzt oder eingelegt Herbst frisch oder eingelegt September–März fein geschnitten, erhitzt	oder vermahlen als Mehl Juni–August frisch als farbige Speisenbeigabe April–Juni erhitzt	Pflanze mit Steinpilzaroma für Gewürze, Gemüse, Eingelegtes, Mehlbeimischungen, Speisendekor
Ziest, Wald- *Stachys sylvatica* Lippenblütlergewächse (Lamiaceae) Siehe Bild Seite 174	April–Juni frisch oder erhitzt als Gewürz September–März fein geschnitten, erhitzt oder vermahlen als Mehl	Juni–September frisch als farbige Speisenbeigabe	Herb-würzig-aromatische Pflanze für Gewürze, Gemüse, Mehlbeimischungen, Speisendekor

Wundklee, Gewöhnlicher *Anthyllis vulneraria*
Er ist häufig auf Kalk-Magerrasen-Flächen zu finden. Seine zarten Blätter, fein gehackt und zusammen mit Brennnesselblättern in Öl und Salz kurz geröstet und mit Zitronensaft abgeschmeckt, galten früher als Spezialität zu Bratgerichten. (Siehe Seite 171)

Zaunrebe, Fünfblättrige *Parthenocissus inserta*
Kommt wild meist in waldnahen Staudenfluren und Gebüschen vor. Die jungen, noch weichen Blätter sind fein geschnitten ein edles Gewürz für Olivenmarinaden. (Siehe Seite 172)

Ziest, Heil- *Betonica officinalis*
Er wächst gerne auf mageren Streuwiesen. Rauchkäse erhält ein zusätzlich feines Aroma, wenn man ihn zwischen Heilziestblättern reifen lässt. (Siehe Seite 172)

Ziest, Sumpf- *Stachys palustris*
Er gehört zur Pflanzengesellschaft der Bachuferfluren. Seine Blätter und Triebe, mitgekocht in einem klaren Gemüsefond, verleihen diesem ein feines Steinpilzaroma. (Siehe Seite 172)

Ziest, Wald- *Stachys sylvatica*
In feuchten Wäldern und Auenwäldern. Sehr gute Gewürzchips kann man aus seinen Blättern backen. Sie werden mit Öl und Salz benetzt und im Backofen getrocknet. (Siehe Seite 172)

Zimbelkraut *Cymbalaria muralis*
An warmen, besonnten Felsen und Mauern. Die Blätter sind weich und wenig faserig. Sie eignen sich als kleine bitterliche Beigabe zu würzigen Blattgemüsearten.
Eine Verwendung über diese Gewürzmenge hinaus ist nicht zu empfehlen. (siehe Seite 175)

Zwergmispel, Filzig- *Cotoneaster tomentosus*
Meist an kalkreichen, warmen Gebüschen und Felsrändern. Aus den reifen, gekochten Früchten kann man die Kerne herauspassieren. Das Fruchtmark lässt sich gut im Backofen trocknen und als Flocken Müslimischungen beifügen. (siehe Seite 175)

Zimbelkraut *Cymbalaria muralis* Wegerichgewächse (Plantaginaceae) Siehe Bild Seite 174	April–Juni frisch oder erhitzt		Kleine bitterliche Mauerpflanze als Beigabe für Salate, Gemüse
Zittergras, Mittleres *Briza media* Süßgrasgewächse (Poaceae)	Spätsommer geröstet als Kaffee oder gekocht und passiert als Suppe/Getränk Frühjahr geröstet als Kaffee, vermahlen als Mehl, gekocht	und passiert als Suppe/Getränk Frühjahr innere weißliche Triebabschnitte, frisch oder erhitzt	Zierliche Graspflanze für Gemüsebeigabe, Getränke, Kaffee
Zweizahn, Dreiteiliger *Bidens tripartita* Korbblütlergewächse (Asteraceae)	April–Juni fein geschnitten und erhitzt Herbst gepresst als Öl		Bitterwürzige Pflanze für Gemüse; ölreiche Samen
Zwenke-Arten *Brachypodium* Süßgrasgewächse (Poaceae)	Spätsommer geröstet als Kaffee oder gekocht und passiert als Suppe/Getränk Frühjahr geröstet als Kaffee, vermahlen als Mehl, gekocht	und passiert als Suppe/Getränk Frühjahr innere weißliche Triebabschnitte, frisch oder erhitzt	Stärkereiche, süßliche Graspflanzen für Gemüsebeigabe, Getränke, Kaffee
Zwergmispel-Arten *Cotoneaster* Rosengewächse (Rosaceae) X (!) Siehe Bild Seite 174	August–September ohne Kerne erhitzt		Herbe Wildfrüchte als Beigabe zu Süßspeisen; Fruchtkerne enthalten Blausäure
Zypergras-Arten *Cyperus* Riedgrasgewächse (Cyperaceae) (!)	Spätsommer geröstet als Kaffee oder gekocht und passiert als Suppe/Getränk Frühjahr geröstet als Kaffee, vermahlen als Mehl, gekocht	und passiert als Suppe/Getränk Frühjahr innere weißliche Triebabschnitte, frisch oder erhitzt	Stärkereiche Graspflanzen für Gemüsebeigabe, Getränke, Kaffee

Wildpflanzen mit gefährlich giftigen Bestandteilen

Adonisröschen, Frühlings-	Adonis vernalis	Der Glykosidgehalt in allen Pflanzenteilen wirkt gefährlich giftig. Erste Anzeichen: Übelkeit, Magenreizungen
Alpenrosen-Arten	Rhododendron-Arten	Die Blätter, zum Teil auch Blüten können gefährlich giftig wirken. Erste Anzeichen: Erbrechen, Magenkrämpfe, Gliederschmerzen. Dennoch: Die Blüten werden gelegentlich im Alpenraum als Aroma für Getränke genutzt.
Alpenveilchen, Herbstblühendes	Cyclamen purpurascens	Vor allem die Wurzel kann angeblich gefährlich giftig wirken. Erste Anzeichen: Magenschmerzen, Schweißausbrüche.
Aronstab, Gefleckter	Arum maculatum	Alle frischen Pflanzenteile können gefährlich giftig wirken. Erste Anzeichen: heftigste Schleimhautentzündungen. Dennoch: Die Pflanze, besonders ihre Wurzel wurde früher als stark erhitzte Nahrung genutzt.
Bärenklau, Riesen-	Heracleum mantegazzianum	Alle Pflanzenteile können bei starkem Hautkontakt bis zu Verbrennungen dritten Grades führen. Dennoch wurden Blätter früher als Gewürz eingesetzt.
Bilsenkraut, Schwarzes	Hyoscyamus niger	Alle Pflanzenteile, besonders Wurzel und Samen können gefährlich giftig wirken. Erste Anzeichen: Hautrötung, Krämpfe, Sinnestäuschungen, Herzrasen.
Christrose	Helleborus niger	Alle Pflanzenteile können gefährlich giftig wirken. Erste Anzeichen: Atemnot, brennender Durst, erweiterte Pupillen.
Eibe, Europäische	Taxus baccata	Alle Pflanzenteile (außer dem roten Samenmantel) können gefährlich giftig wirken. Erste Anzeichen: Leibschmerzen, schmerzhafte Koliken. Samenmantel wurde früher als Süßigkeit genutzt.
Eisenhut-Arten	Aconitum-Arten	Alkaloide in allen Pflanzenteilen, vor allem in der Wurzel wirken gefährlich giftig. Erste Anzeichen: Kälteempfinden, Kreislaufbeschwerden.
Fingerhut-Arten	Digitalis-Arten	Alle Pflanzenteile können gefährlich giftig wirken. Erste Anzeichen: stark verringerter Puls.
Germer, Weißer	Veratrum album	Die ganze Pflanze kann gefährlich giftig wirken. Erste Anzeichen: Durchfall, Atemlähmung, Koliken.
Gnadenkraut, Gottes-	Gratiola officinalis	Die ganze Pflanze kann gefährlich giftig wirken. Erste Anzeichen: Speichelfluß, Koliken, Brennen in den Harnwegen.
Haselwurz, Europäische	Asarum europaeum	Kräftiges ätherisches Öl der Pflanze kann angeblich gefährlich giftig wirken. Erste Anzeichen: Brennen im Mund, Erbrechen. Dennoch: Pflanzenstängel wurden laut weniger Angaben früher als scharfes Gewürz genutzt.
Herbstzeitlose	Colchicum autumnale	Ein Zellgift vor allem in Knollen und Samen kann gefährlich giftig wirken. Erste Anzeichen erst nach Stunden: Übelkeit, schneller Puls, Schock und Harndrang.
Holunder, Zwerg-	Sambucus ebulus	Besonders die Samen können in entsprechender Dosis gefährlich giftig wirken. Erste Anzeichen: Kratzen im Hals, Kopfschmerzen, Sehstörungen. Dennoch: Reife Früchte wurden angeblich früher als Gewürz eingesetzt.

Hundspetersilie, Gemeine	Aethusa cynapium	Polyine in alle Pflanzenteilen vor allem in der Wurzel wirken gefährlich giftig. Erste Anzeichen: Brennen im Mund, kalter Schweiß
Kalmus	Acorus calamus	Das Öl besonders der Wurzel wirkt möglicherweise kanzerogen und halluzinogen. Dennoch: Blüten, Blätter und Wurzel wurden früher laut vieler Angaben gewürzartig genutzt.
Kornrade	Agrostemma githago	Ganze Pflanze führt möglicherweise zu Schleimhautreizung und starker Übelkeit. Dennoch: Die Pflanze wurde angeblich in Notzeiten als Gemüse verarbeitet.
Lupine, Vielblättrige	Lupinus polyphyllus	Alle Pflanzenteile können in entsprechender Dosis gefährlich giftig wirken. Erste Anzeichen: Speichelfluss, Schluckbeschwerden. Dennoch: Samen und Pflanzenstängel wurden laut weniger Quellen nach umfangreicher Verarbeitung früher in der Nahrung genutzt.
Maiglöckchen	Convallaria majalis	Alle Pflanzenteile können gefährlich giftig wirken. Erste Anzeichen: Übelkeit, Brustbeklemmung. Dennoch: Laut weniger Quellen wurden die Blüten früher als Aroma genutzt.
Mauerpfeffer, Scharfer	Sedum acre	Alle Pflanzenteile können in entsprechender Dosis Reizungen, Erbrechen und Krämpfe verursachen. Dennoch: Die Blätter wurden früher angeblich als Gewürz genutzt.
Milchstern, Dolden-	Ornithogalum umbellatum	Besonders die Zwiebel der Pflanze kann angeblich gefährlich giftig wirken. Erste Anzeichen: stark verringerter Puls. Dennoch: Blüten und Blätter wurden laut wenigen Überlieferungen in der Nahrung genutzt.
Mohn, Schlaf-	Papaver somniferum	Der Milchsaft der Pflanze kann gefährlich giftig wirken und fällt unter das Betäubungsmittelgesetz. Blätter, Blüten und Samen wurden angeblich in der Nahrung genutzt.
Moorkönig	Pedicularis sceptrum-carolinum	Alle Pflanzenteile, vor allem die Samen können gefährlich giftig wirken. Erste Anzeichen: Magenentzündungen, Koliken. Dennoch: Junge Triebe wurden laut wenigen Überlieferungen früher in der Nahrung genutzt.
Nachtschatten, Bittersüßer	Solanum dulcamara	Alle Pflanzenteile können gefährlich giftig wirken. Erste Anzeichen: Erbrechen, Zungenlähmung, erweiterte Pupillen
Nachtschatten, Schwarzer	Solanum nigrum	Alle Pflanzenteile können gefährlich giftig wirken. Erste Anzeichen: Übelkeit, Hautrötung, erweiterte Pupillen. Ganz ausgereifte(!) Beeren gelten laut L. Roth als giftfrei.
Nieswurz-Arten	Helleborus-Arten	Alle Pflanzenteile können gefährlich giftig wirken. Erste Anzeichen: Atemnot, brennender Durst, erweiterte Pupillen.
Osterglocke	Narcissus pseudonarcissus	Die ganze Pflanze kann angeblich zu starkem Erbrechen und Durchfall führen. Dennoch wurde die Zwiebelwurzel laut weniger Angaben früher erhitzt in der Nahrung genutzt.
Pfaffenhütchen, Gewöhnliches	Euonymus europaeus	Alle Pflanzenteile können gefährlich giftig wirken. Erste Anzeichen erst nach Stunden: Schock, Fieber, blutiger Durchfall. Dennoch wurde die Wurzelrinde angeblich früher nach umfangreicher Verarbeitung als Genussmittel eingesetzt.
Rosmarinheide, Kahle	Andromeda polifolia	Alle Pflanzenteile, vor allem Blätter und Blüten können gefährlich giftig wirken. Erste Anzeichen: Schwindel, Speichelfluß, Krämpfe.

Sadebaum	Juniperus sabina	Alle Pflanzenteile, vor allem die Triebspitzen können gefährlich giftig wirken. Erste Anzeichen: Übelkeit, Herzrhythmusstörungen, blutiger Urin.
Schierling, Gefleckter	Conium maculatum	Alkaloide in der ganzen Pflanze wirken gefährlich giftig. Erste Anzeichen: Erbrechen, Lähmung der Zunge.
Schlangenkraut	Calla palustris	Alle Pflanzenteile, vor allem Blätter und Früchte können gefährlich giftig wirken. Erste Anzeichen: Durchfall. Dennoch: Der Wurzelstock wurde laut L. Roth in Schweden früher vermahlen im Brotteig genutzt.
Seidelbast-Arten (Mitteleuropas)	Daphne-Arten	Alle Pflanzenteile, vor allem die Beeren können gefährlich giftig wirken. Erste Anzeichen: Benommenheit, Fieber, Krämpfe.
Stechapfel, Gemeiner	Datura stramonium	Alle Pflanzenteile, vor allem die Wurzel enthalten Alkaloide die gefährlich giftig wirken können. Erste Anzeichen: Hautreizung, Sinnestäuschungen, Benommenheit.
Stechpalme	Ilex aquifolium	Fruchtfleisch und Blätter können angeblich gefährlich giftig wirken. Erste Anzeichen: Durchfall, Schläfrigkeit, Erbrechen. Fruchtkerne wurden laut wenigen Überlieferungen früher als Röstkaffee genutzt.
Tollkirsche, Schwarze	Atropa bella-donna	Das Alkaloid Hyoscyamin in allen Teilen kann gefährlich giftig wirken. Erste Anzeichen: Halluzinationen, Schwindel.
Wasserschierling	Cicuta virosa	Alle Pflanzenteile, vor allem Stängel und Wurzel enthalten ein Krampfgift, das gefährlich giftig wirkt. Erste Anzeichen: Brennen im Mund, Krämpfe mit Zähneknirschen.
Wurmfarn, Männlicher	Dryopteris felix-mas	Alle Pflanzenteile können in entsprechender Dosis angeblich gefährlich giftig wirken . Erste Anzeichen: Erbrechen, Sehstörungen, Ohnmachtsanfälle. Dennoch: Erhitzte junge Triebe wurden laut wenigen Überlieferungen früher in der Nahrung genutzt.
Zaunrübe, Rotfrüchtige	Bryonia dioica	Beeren und Wurzeln können möglicherweise gefährliche Nerven- und Verdauungsstörungen auslösen. Erhitzte junge Triebe wurden früher angeblich in der Nahrung genutzt.
Zaunrübe, Weiße	Bryonia alba	Alle Pflanzenteile, besonders Wurzel und Beeren können gefährlich giftig wirken. Erste Anzeichen: heftige Koliken, rascher Puls

Botanische Pflanzennamen, deutsche und botanische Synonyme mit zugeordneten Verwendungshinweisen

(Synon.) = Heute nicht mehr gültiger oder selten genutzter Pflanzenname
(Subsp.-Synon.) = Ein Synonym zu einer Unterart der beschriebenen Art
(Artengr.) = Artengruppe

Literatur

Agena, G./ Städler, S.: Sumpf- und Wasserpflanzen. Ihre historische und gegenwärtige Nutzung als Nahrungs- und Futterpflanzen, Diplomarbeit GHKassel: Witzenhausen 1988

Aldenhofen, E.: Wildgemüse. Wildkräuter– Wildfrüchte, Berlin: Beyer 1940

Auerswald, B.: Nahrhafte Spontanvegetation. In: Notizbuch 42 der Kasseler Schule: S. 207-306, Kassel: AG Freiraum und Vegetation 1996

Bauer, J.: Kultur- und Sammelpflanzen der späten Bronzezeit, in: Schriften des kantonalen Museums für Urgeschichte, Zug 1991

Baumann, H./ Müller, T.: Farbatlas geschützter und gefährdeter Pflanzen, Stuttgart: Ulmer 2001

Bedlan, G.: Wildgemüse, Wien: Jugend u. Volk 1997

Benk, E.: Zur Kenntnis und Zusammensetzung einiger Wildgemüse und wenig bekannter Kulturgemüse, in: Industrielle Obst- und Gemüseverwertung 1987/88, S.331-333/S.22-23

Bergmann, H.: Kleine grüne Wunder, Freiburg: Herder 1996

Bickel-Sandkötter, S.: Nutzpflanzen und ihre Inhaltsstoffe, Wiebelsheim: Quelle+Meyer 2001

Birmann-Dähne, G.: Bärlauch und Judenkirsche, Heidelberg: Hang 1996

Boksch, M.: Gesunde Wildkräuterküche, München: BLV 1984

Boros, G.: Unsere Küchen- und Gewürzkräuter. Beschreibung, Anbau, Verwendung, Stuttgart: Ulmer 1960

Bötticher, W.: Pilze und Wildfrüchte, Bonn: AID, 1985

Boy, H.: Wildgemüse von Feldrain und Wiese, Sam-Lucas-GmbH, Wuppertal, 1946

Brockmann-Jerosch, H.: Futterlaubbäume und Speiselaubbäume. Berichte der Schweizerischen Botanischen Gesellschaft 46, S.594-613, 1936

Brohmer, P.: Deutsche Wildgemüse Bd. 16, Weinheim: Beltz 1952

Brown, K.: Blüten zum Reinbeißen, München: Christian 2000

Buchinger, J.: Bodenständige Naturkunde. Unsere Bäume und Sträucher im Heimat- und Volksleben, Wien 1950

Bühring, U.: Edition Achillea Nr.1-4, Freiburg 1992

Buzek, G.: Das große Buch der Überlebenstechniken, Wien: Orac 1984

Chamisso, A. von: Illustriertes Heil-, Gift- und Nutzpflanzenbuch, Berlin: Reimer 1987

Colditz, G.: Beeren-, Frucht- und Kräuterweine, Graz: Leopold Stocker 1996

Couplan, F.: Le régal végétal, Paris: Debard 1983

Couplan, F.: Les belles vénéneuses, Equilibres aujourd'hui, Flers 1990

Couplan, F.: Wildpflanzen für die Küche, Aarau: AT Verlag 1997

Crawford, M.: Edible Plants for temperate climates, Torquay: Agroforestry Research Trust 1993

Crosby, A.W.: Die Früchte des weißen Mannes, Frankfurt/M.: Campus 1991

Dahl, J.: Wildpflanzen im Garten, München: GU 1985

Dahl, J.: Feinkost in voller Blüte in: Zeitschrift ZeitPunkte 3, S. 84-86, 1999

Danner, H.: Die Naturküche, Düsseldorf, Wien, New York: Econ 1994

Dickenmann, J.: Nahrungswesen in England, Zürich: Ehrhardt Karras 1904

Dieckmann, A.: Am Freitisch der Natur, Berlin: GEGA-Druck 1947

Diels, D.: Ersatzstoffe aus dem Pflanzenreich, Stuttgart: Schweizerbart 1918

Duke, J.: Handbook of edible weeds, C Boca Raton: RC Press 1992

Düll, R.: Botanisch-ökologische Exkursionsflora, Heidelberg: Quelle + Meyer 1992

Dümmer E.: Über den Gehalt an Protein und dessen Aminosäurezusammensetzung von verschiedenen Wildgemüsearten (...), Bonn, Diss. 1984

Ebert, K.: Arznei- und Gewürzpflanzen. Stuttgart: Wissenschaftliche Verlagsgesellschaft 1982

Eirich, D.: Das Wald- und Wiesenkochbuch, München: Ludwig 2000

Ellenberg, H.: Vegetation Mitteleuropas mit den Alpen, Stuttgart: Ulmer 1982

Ellenberg, H.: Zeigerwerte von Pflanzen in Mitteleuropa, Göttingen: Goltze 1992

Engel, F.M.: Zauberpflanzen – Pflanzenzauber, Hannover:Landbuch 1978

Engel, H.: Essbare Wildpflanzen, Struckum: Conrad Stein 2000

Findeis, M.: Wildgemüse und Heilkräuter in der Nähe der Großstadt, Wien: Partl 1947

Fischer-Rizzi, S.: Blätter von Bäumen, Baden und München: AT Verlag 2007

Fleischhauer, S.: Enzyklopädie der essbaren Wildpflanzen, Baden und München: AT Verlag 2006

Forey, P. / Fitzsimons, C.: Essbares aus der Natur, Berlin: Moewig 1992

Franke, G.: Früchte der Erde, Frankfurt/M. 1989

Franke, W.: Wildgemüse, Bonn: AID 1987

Franke, W.: Nutzpflanzenkunde - Nutzbare Gewächse der gemässigten Breiten, Subtropen und Tropen, Stuttgart: Thieme 1997

Frauenknecht, F.: Billige und gesunde Nahrungsmittel aus dem Wald, Dresden, Planegg: Müller 1939

Fronty, L. / Duronsoy, Y.: Tees und Drinks aus Blättern, Blüten und Gewürzen, München: Christian 1997

Gaigg, W.: Ansatzschnäpse, Liköre und Kräuterweine, Graz: Leopold Stocker 2001

Geith, K.: Deutschlands Jugend sammelt Heilkräuter, Philippsthal (Werra): Kurt Stenger 1938

Gibbons / Brough: Der große Kosmos Naturführer Blütenpflanzen, Franckh-Kosmos, Stuttgart 1998

Gieler, R. / Wipler, I.: Wildgemüse – schmackhaft und gesund, Leoben: Kneipp 1999

Gramberg, E.: Wildgemüse, Wildfrüchte, Haustee, Leipzig: Quelle+Meyer 1946

Grau, J. / Jung, R./ Münker, B.: Beeren, Wildgemüse, Heilkräuter, München: Mosaik 1996
Graupe / Koller: Delikatessen aus Unkräutern. Das Wildpflanzen-Kochbuch, Wien, München, Zürich: Orac 1984
Günther, W.: Graswurzelküche, Frankfurt: Bruno Martin 1980
Gutjahr, M.: Kräuterschätze zum Kochen und Kurieren, Hannover: Landbuch 2000
Hammerle, B.: Wildgemüse mit Rezepten, Innsbruck, Pinguin, 1996
Heiß, E.: Wildgemüse und Wildfrüchte, München: Herp 1982
Helm, E. M.: Feld-, Wald- und Wiesenkochbuch, München: Kochbuchverlag Heimeran 1978
Henschel, D.: Essbare Wildbeeren und Wildpflanzen, Stuttgart: Frankh-Kosmos 2002
Heyne, M.: Das deutsche Nahrungswesen von den ältesten geschichtlichen Zeiten bis ins 16. Jhd., Leipzig: Hirzel 1901
Höh, R.: Wildnis-Küche, Bielefeld: Peter Rump 1999
Hollerbach, E. u. K.: Kraut und Unkraut zum Kochen und Heilen, Stuttgart: Deutscher Bücherbund 1984
Hörmann, B.: Schriftenreihe: Heil- und Nährkräfte aus Wald und Flur, München: Verlag der Pflanzenwerke 1939
Horn, E.: Von Mutter Natur, Grafenau: Morsak 1983
Hosslin, L.: Kochen mit Blumen, Rüschlikon: Albert Müller 1987
Jantra, H.: Bärlauch, Feige, Süßkartoffel, Stuttgart: Franckh-Kosmos 1994
Jochheim, W.F.: Wildgemüse und Wildkräuter in der Küche S.3-4. Aus: Kochpraxis und Gemeinschaftsverpflegung, 1990
Kanzler, J.: Kleesalat und Veilchenmousse, München: Compact 1990
Karch, B.: Wildpflanzen-Gerichte mit Pfiff, München: Humboldt 1986
Keipert, K.: Beerenobst, Stuttgart: Ulmer 1981
Klemme, B / Holtermann, D: a) Unkräuter zum Genießen. b) Delikatessen am Wegesrand. c) Baumblättersalate, Düsseldorf, Mädler 1996-1999
Klencz, P.: Küchenkräuter und Gewürze, Köln: Bundesausschuss für volkswirtschaftliche Aufklärung e.V. 1974
Klockenbring, F.: Wildfrüchte und Wildgemüse. Ein Handweiser zur Auffindung und Verwendbarkeit gesunder und billiger Nahrungsmittel, heimischer Gewürze und der wichtigsten Pilze, Berlin: Lemmer 1944
Klose, B./ Wegmann-Klose, A.: Nahrhafte Landschaften. Diplomarbeit Fachbereich Stadt- u. Landschaftsplanung GHKassel (unveröffentl.), Kassel 1990
Körber-Grohne, U.: Nutzpflanzen in Deutschland: Kulturgeschichte und Biologie, Stuttgart: Theiss 1988
Kosch, A.: Was find ich da?, Stuttgart: Franckh 1946
Koschtschejew, A.K.: Wildwachsende Pflanzen in unserer Ernährung, Leipzig: Fachbuch 1990
Kremer, B.P.: Das Kosmos-Kräuterbuch: Erkennen, Sammeln, Aufbewahren, Stuttgart: Franckh'sche Verlagshandlung 1981
Kremer, B.P.: Wildfrüchte, Stuttgart: Franckh-Kosmos 1992
Kreuter, M. L.: Rezepte aus dem Blumengarten, Genf: Ariston 1986
Kröger, G.: BdB Handbuch Wildgehölze, Pinneberg: Verlagsgesellschaft Grün ist Leben mbH 1996
Kubli, R.: Kochen mit Wildkräutern, Lauf a. d. Pegnitz: Fahner 1996
Kurz, P.: Wege in die Landschaft – Eine vegetationskundliche Spurensicherung an Wegrändern, Rainen, u. Böschungen in Liebenau/Unteres Mühlviertel. In : Schriften der Cooperative Landschaft 6, Wien 1998,
Küster, G.: Kriegsgemüse-Kochbuch, Berlin: Reichsstelle für Gemüse und Obst 1917
Kutschera, L. : Wurzelatlas mitteleuropäischer Ackerunkräuter und Kulturpflanzen, Frankfurt a. M.: DLG 1960
Lambert, A. C.: Köstlichkeiten mit Blumen. Rezepte, Ideen, Wohlbehagen., Weingarten: Weingarten 1999
Lauber, K./Wagner, G.: Flora Helvetica, Bern, Stuttgart, Wien: Haupt 2001
Launert, E.: Edible and Medicinal Plants, London: Hamlyn 1981
Laurioux, B.: Tafelfreuden im Mittelalter, Stuttgart, Belser 1992
Laux, H. : Kochrezepte für Naturfreunde: Wildgemüse, Wildfrüchte, Würzkräuter. Erkennen , Sammeln, Zubereiten, Stuttgart: Franckh 1981
Lestrieux, E. / de Belder, J.: Der Geschmack von Blumen und Blüten, Köln: DuMont 2000
Lichtenstern, H.: Wildgemüse. Wildsalate, Wildfrüchte, Hausteepflanzen, Gewürzpflanzen, München: Goldmann 1972
Lindner, V.: Gemüseraritäten S. 477-481, Deutscher Gartenbau 1990
Loch, W.: Essbare und giftige Wildpflanzen in Mitteleuropa, Osnabrück: Packpapier 1993
Ludwig, G.: Rote Liste der gefährdeten Pflanzen Deutschlands, Bonn: Bundesamt für Naturschutz 1996
Mabey, R: Bei der Natur zu Gast. Ein Führer zu den essbaren Wildpflanzen Mitteleuropas, Köln: Kiepenheuer + Witsch 1981
McVicar, J.: Essbare Blüten, München: BLV 1998
Machatschek, M.: Nahrhafte Landschaft. Ampfer, Kümmel, Wildspargel, Rapunzelgemüse, Speiselaub und andere wiederentdeckte Nutz- und Heilpflanzen, Wien, Köln, Weimar: Böhlau 1999
Marzell, H.: Die heimische Pflanzenwelt im Volksgebrauch und Volksglauben, Leipzig: Quelle+Meyer 1922
Marzell, H.: Heil- und Nutzpflanzen der Heimat, Reutlingen: Ensslin+Laiblin 1948
Mayer, E.: Wildfrüchte, -gemüse, -kräuter, Graz: Stocker 1999
Mayer, J.: Essbare Wildkräuter und Früchte, Berlin: Urania 2000
Mayr, C.: Gewürzfibel, Augsburg: Weltbild 1996
Meermeier, D.: Versaumung an Weg- und Straßenrändern. Notizbuch 27 der Kasseler Schule. Von Rand zur Bordüre. Hg. AG Freiraum und Vegetation, Kassel 1993
Meunick, J.: Essbare Wildpflanzen, Kiel: Stein 1992
Michael-Hagedorn, R / Freiesleben, K.: Kinder unterm Blätterdach, Dortmund: Borgmann 1999
Moerman, D.: Native American Ethnobotany, Oregon: Timber Press 1998

Morton, J.F.: Kräuter und Gewürze. Herkunft und Verwendung: In: Bunte Delphin-Bücherei Nr. 31, München, Zürich: Delphin 1976
Moser, D. / Gygax, B. / Bäumler, D. / Wyler, N. / Palese, R.: Rote Liste der gefährdeten Arten der Schweiz: Farn- und Blütenpflanzen., Bern: Bundesamt für Umwelt, Wald und Landschaft 2002
Mühl, F.: Beerenobst und Wildfrüchte, München: Obst- und Gartenbau 1996
Müller-Urban, K.: Kochen mit Blüten und Essenzen, Niedernhausen: Falken 1998
Needon, C.: Wildfrüchtebüchlein, Leipzig: Verlag für die Frau 1993
Neuhold, M.: Tee aus heimischen Kräutern und Früchten, Graz: Stocker 1999
Niklas, J.E.: Überlebensbuch, Belzig: Meiga 1997
Niklas, J.E.: Wildgemüse, Stuttgart: Trias 1999
Niklas-Pahlow, U.: Wildfrüchte-Kompass, München: GU 1982
Niklfeld, H.: Rote Listen gefährdeter Pflanzen Österreichs , Wien: Bundesministerium für Umwelt, Jugend und Familie 1999
Oberdorfer, E.: Pflanzensoziologische Exkursionsflora, Stuttgart: Ulmer 1994
Pahlow, M.: Beeren und andere Wildfrüchte, Bern: Hallwag 1976
Pahlow, M.: a) Wildgemüse-Kompass. b) Kräuter und Wildfrüchte, München: GU 1986-1997
Pervenche, P.: Kräuter- und Heilpflanzen-Kochbuch für eine gesunde Lebensweise, Niedernhausen: Falken 1979
Phillips, R.: Das Kosmosbuch der Wildfrüchte: Essbare Kräuter – Beeren – Pilze erkennen und zubereiten, Stuttgart: Franckh'sche Verlagshandlung 1984
Phillips, R.: Gemüse in Garten und Natur, München: Droemer Knaur 1994
Pirie, N.W.: Leaf protein and its by-products in human and animal nutrition, London 1987
Plessen, M.L.(Hrsg.): Berlin durch die Blume oder Kraut und Rüben / Gartenkunst in Berlin/Brandenburg, Katalog zur Ausstellung und Plakat »Wildwachsende Kriegsgemüse« nach Mitteil. vom kgl. botan. Garten und Museum zu Berlin-Dahlem, 1914/18, Bezirksamt Kreuzberg, Abt. Bauwesen-Gartenbauamt, Berlin: Nicolai 1985
Pott, R.: Die Pflanzengesellschaften Deutschlands, Stuttgart: Ulmer 1992
Probst, G.: Wildfrüchte, Stuttgart: Pietsch 1986
Pütz, J.: Hobbythek 3, Köln: vgs 1986
Quinche, R. : Gewürzkräuter, Thun: Ott 1969
Quinche / Bossard: Wildsalate, Wildgemüse, Thun: Ott 1980
Rahmm, W. R. von: Überlebenstraining, Stuttgart: Pietsch 1982
Raitelhuber, J.: Arzneikräuter und Wildgemüse erkennen und benennen, Niedernhausen: Falken 1979
Rau, H. / Nickig, M.: Köstliche Blüten zum Dekorieren und Genießen, Hamburg: Ellert & Richter 1994
Recht, C.: Ernte am Wegrand, Stuttgart: Ulmer 1997
Redden, G.: Vergessene Gemüse, München: Mosaik 1996
Reinartz, M.-T.: Die Bestimmung des Kohlenhydratgehalts (...), einheimischer Wildpflanzen und deren Bedeutung aus ernährungsphysiologischer Sicht, Diss. Bonn 1987
Reuss, P.: Kochen mit Wildpflanzen, München: Heyne 1995
Roth, L. / Daunderer, M. / Kormann, K.: Giftpflanzen – Pflanzengifte, Landsberg: ecomed 1994
Rothmaler, W.: Exkursionsflora von Deutschland, Heidelberg, Berlin: Spektrum 2000
Scheerer, F.: Die Verwertung unserer Wildfrüchte, Berlin: Siebeneicher 1948
Scheibenpflug, H.: Ernte am Wegrand: Beeren, Wildobst, Wildgemüse und Teekräuter unserer Heimat, Wien 1947
Scheibenpflug, H.: Beeren, Wildobst, Wildgemüse, Innsbruck: Pinguin 1979
Schiechtl, H.: Wildfrüchte in Europa, Hall: Berenkamp 2000
Schlechta, J.: Köstliche Wildfrüchte und Wildgemüse, München: GU 1983
Schlosser, S. / Reichhoff, L.: Wildpflanzen Mitteleuropas. Nutzung und Schutz, Berlin: DLV 1991
Schmeil / Fitschen: Flora von Deutschland, Heidelberg: Quelle +Meyer 1988
Schneider, O.: Wildstauden für Garten und Sinne. Katalog der Wildstaudengärtnerei, Böhler Weg 40, 42285 Wuppertal 1999
Schneider, V.: Über den Vitamin-C-Gehalt von Wildgemüse und -salaten Uni Bonn, Diss., Bonn 1982
Schneider, V.: Nitratgehalt von heimischen Wildgemüsen S. 157-160 in: Wissenschaft. Arbeitstagung der Arbeitsgemeinschaft Ernährungsverhalten, 1987
Schnelle, O.: Philios Pflanzendatenbank, Dorow 1999
Schoenichen, W.: Aus Wald und Feld den Tisch bestellt, Berlin-Halensee: Bielefeld Linde 1947
Schönfelder B. / Fischer, W: Welche Heilpflanze ist das? Heilpflanzen – Giftpflanzen – Wildgemüse, Stuttgart: Kosmos 1968
Schuch, C.T.: Gemüse und Salate der Alten in gesunden und kranken Tagen, Rastatt: Mayer 1853
Schürmeyer, B. / Vetter, C.: Die Naturgärtnerei. Arbeitsbericht. d. Fb. Stadt- u. Landschaftsplanung, Heft 42. GHKassel 1982
Seemann, H.: Wildgemüse im Haushalt, Berlin-Tiergarten: Albert Nauck & Co 1946
Seifert, S.: Wildgemüse aus Feld und Flur S.51-54/76-77 in: Öko-Test 1990
Seymour, J.: Leben auf dem Lande, Ravensburg: Otto Maier 1976
Simonis, W. Ch.: Taschenbuch der Heil- und Gewürzpflanzen, Frankfurt/M.: Vittorio Klostermann 1967
Souvereyns, R.: Feine leichte Kräuterküche, München: Zabert Sandmann 1998
Stein, S.: Gemüse aus Großmutters Garten, München: BLV 1989
Storch, R.: Zurück zur Natur – aber lecker! Kochen mit Wildgemüse, in: Hauswirtschaftliche Bildung, S.103-106, 1995
Storl, W.-D./ Pfyl, P.: Bekannte und vergessene Gemüse, Aarau: AT-Verlag 2002
Tabula (Autor ungenannt): Datenbank für pflanzensoziologische Arbeiten Version 4.0, 1995
Trum, B.: Wildkräuter-Kochbuch, Kempten: Dannheimer 1998
Tscharner, G. / Knieriemen, H.: Hexentrank und Wiesenschmaus, Aarau: AT-Verlag 2001

Tschöpe, J.: Wildgemüse in Notzeiten, Uni Köln 1949
Volz, H.: Überleben in Natur und Umwelt, Regensburg, Berlin: Walhalla-Fach 2001
Weiner, M.: Earth medicine – earth foods, New York: Macmillan 1972
Winkel, R.: Wildpflanzen in der Küche, Berlin 1916
Wisskirchen, R. / Haeupler, H.: Standardliste der Farn- und Blütenpflanzen Deutschlands, Stuttgart: Ulmer 1998
Zentrale für Drogen und Wildfrüchte: Wildgemüse als Zusatznahrung, Berlin-Kleinmachnow: Naturkundliche Korrespondenz 1946

Internetquellen

http://www.giftpflanzen.com/ (Stand 1. Okt. 2009) Webseite von B. Bös insbesondere über giftige Wildpflanzen.

http://www.floraweb.de/ (Stand 15. Nov. 2009) Webseite vom Bundesamt für Naturschutz, botanische Daten-Übersicht.

http://www.pfaf.org/ (Stand 12. Jun. 2009) Webseite von Ken Fern/Plants for a Future, Nutzungsdaten von Wildpflanzen.

http://www.kraeuter.ch/ (Stand 1.Dez. 2009) Abschrift des Kräuterbuches von Jacobus Theodorus Tabernaemontanus von 1645

Bildnachweis

Steffen Guido Fleischhauer: Seite 27 oben links, 72 oben rechts, 109 oben rechts und 174 oben rechts sowie unten.

Alle übrigen Bilder: Thomas Muer, Bad Bentheim, th.muer@t-online.de

Steffen Guido Fleischhauer
Diplom-Ingenieur für Landschaftsplanung, Fachhochschule Weihenstephan. Sammelt seit vielen Jahren Erfahrungen in der Ernährung mit Pflanzen aus der freien Natur. Seminarleitung und Lehrtätigkeit an Hochschulen in Deutschland, Österreich und der Schweiz im Fach »Essbare Wildpflanzen«.
www.essbare-wildpflanzen.de